我想和你谈谈
为什么改变这么难

[美] 罗斯·埃伦霍恩 _ 著

李泽育 王雅琨 _ 译

HOW WE CHANGE

上海交通大学出版社
SHANGHAI JIAO TONG UNIVERSITY PRESS

图书在版编目（CIP）数据

我想和你谈谈为什么改变这么难 / (美) 罗斯·埃伦
霍恩著；李泽育, 王雅琨译. -- 上海：上海交通大学
出版社, 2022.3
书名原文: How We Change
ISBN 978-7-313-26642-2

Ⅰ.①我… Ⅱ.①罗… ②李… ③王… Ⅲ.①成功心
理 – 通俗读物 ②习惯性 – 培养 – 通俗读物 Ⅳ.①B848.4-49
②B842.6-49

中国版本图书馆CIP数据核字(2022)第037626号

上海市版权局著作权合同登记号 图字 09-2022-19

我想和你谈谈为什么改变这么难
WO XIANG HE NI TANTAN WEISHENME GAIBIAN ZHEME NAN

作　　者：[美]罗斯·埃伦霍恩			
译　　者：李泽育　王雅琨			
出版发行：上海交通大学出版社	地　　址：上海市番禺路951号
邮政编码：200030	电　　话：021-52717969
印　　制：上海盛通时代印刷有限公司	经　　销：全国新华书店
开　　本：880mm×1230mm 1/32	印　　张：10.75
字　　数：202千字	
版　　次：2022年3月第1版	印　　次：2022年3月第1次印刷
书　　号：ISBN 978-7-313-26642-2	
定　　价：68.00元	

版权所有，侵权必究

告读者：如发现本书有印装质量问题请与印刷厂质量科联系
联系电话：021-52711066

目 录
Contents

第一部分　自我改变与"希望的恐惧"

第二部分　维持现状的十大理由

自我改变与"希望的恐惧"

第一部分

第一章
为什么改变这么难

————————— · —————————

对那些认为自己命中注定要沉思而非信仰的人
来说，所有的信徒都太吵闹、太招摇，他提防他们。

——弗里德里希·尼采

30多年的临床经验，使我认识到"维持现状"拥有的可
怕力量。我曾经是一名社会工作者，长期帮助那些因患有严重
精神疾病而接受治疗的人们，后来我发起了一个帮助这些人的
项目并担任该项目的首席执行官。尽管我一直有自己的私人心
理诊所，为那些精神状态总体良好的人们提供帮助，不过他们
每周只需要来诊所一次即可。真正教我发掘"维持现状"背后
那不为人察觉的吸引力与极具诱惑的合理性的，是之前我帮助
过的那个群体。

身为一名精神病患者并不容易，我们的社会总喜欢将精神
疾病患者污名化，在学校、单位和社区，我们常常忽视对这一

群体的照顾。对他们超出理想规范的行为和感受，我们总是采取过度医疗化的手段。世人对他们唯恐避之不及，他们的机会少之又少，那些所谓的精神健康专家无形中向他们传递着这样的信息——他们无可救药。面对这一切，我的患者们遭受的排斥和承受的失望几乎达到了人类的极限，在这样的极限中，他们仍有许多重要的经验可以带给我们思考。

在我帮助过的人士中，有许多人在遭遇难以承受的打击后，仍然奇迹般地找到了改变的方法，在生活中继续前行。他们重返校园或重归职场，开始新的生活。当然，也有许多人拒绝改变，将"现状"视为最安全的避难所或是最值得信赖的盟友。无论他们是被迫改变还是保持现状，我们都能学到一些经验，这些经验让我们认识到，自我改变是复杂的并且常常充满矛盾的动态过程。

维持现状的十大理由

1. 不必直面孤独和责任

2. 不必为接下来要做的事情承担责任

3. 不必面对未知

4. 避免被自己的期待所伤

5. 避免被别人的期待所伤

6. 不必直面自己的现状

7. 不必被踱步羞辱

8. 保留对痛苦的纪念

9. 不必改变你与他人的关系

10. 不必改变你与自己的关系

年轻的时候，我在马萨诸塞州沃尔瑟姆市做社工，自那时起，我开始思索改变背后的动力。我参加了一个针对长期受心理问题困扰的人群的日间治疗项目，在其中的一个治疗小组里帮忙。这是一个开放型小组，参与者来来去去，时间久了之后，我开始思考这样一个问题——为什么有些参与者总是抗拒那些能让生活更美好的改变呢？

过去数年，我曾就这个问题反复询问过那些项目的参与者，无论他们之间有多少不同，回答竟然都出奇地一致。一天晚上，我把他们的回答进行了归类，看着手上列出的清单，我开始意识到每个人拒绝改变的原因，其实都有其内在逻辑以及合理性。对他们来说，维持现状是对某些特定经历的解决方法，而这些经历是无法通过改变来解决的。即使在一些情境中，改变是显而易见的选择，这套逻辑也依然适用。我把这份清单命名为"维持现状的十大理由"，并且把它分享给了那些参与者。

当我们帮助参与者探索自己遇到的困境时，这"十大理由"发挥了巨大作用。我们不再受制于简单粗暴的二元思维，即改变是对的，维持现状是错的。相反，我们直面现状，思考它，带着好奇接近它，让它在我们的脑海中驰骋。当我们这样做时，令人振奋的事情发生了，当参与者们把维持现状视作一种明智做法时，他们反而更容易在生活中做出改变。思考不去改变以及想要维持现状的原因似乎放宽了对动机的约束，而这比那些关于改变的建议或指示都更有效。就像身着紧身衣脱逃的魔术大师胡迪尼那样，为了挣脱皮带、链条和帆布袋的束缚，他会让自己放松下来，让身体顺着压力的方向缩成一团。朝着与你想去的地方反向走，你反而会得到解脱，到达那里。

我开始意识到，改变的关键就藏在这个悖论中，静候我们解锁。之后，我把"十大理由"的清单带到了我的私人心理诊所，分享给那些每周只来一次的人们。清单再一次发挥相似的作用，它帮助人们意识到对改变的抗拒与维持现状之间有着密切的联系，而且这种联系十分合理且令人着迷。我在自己的生活中也会用到这份清单，它对我去实现那些一直想要实现却没能实现的改变同样具有指导作用。

我这套关于改变悖论的认知并不新鲜。事实上，它是社会工作价值观的体现。"从对方所在的地方开始"，这句格言是社会工作领域的核心观念，它建议专业人士不要用主观判断来理解和倾听一个人的经历，强迫他们改变。"十大理由"也反映出其他治疗领域的价值观，例如在家庭治疗中使用的"矛盾干预法"（逆反心理的时髦叫法）。使用这种方法时，治疗师会让治疗对象继续进行他们想要停止的行为，从而帮助他们看到那些破坏性行为背后的逻辑；再比如人本主义心理学推崇的"无条件积极关注"，这个心理学治疗概念与佛教中倡导的"与反抗同行"类似；或者在成瘾治疗时使用的"动机性访谈"，使用这一治疗手段时，治疗师会和治疗对象就药物使用的正副作用进行非评判性谈话，而不是用强硬的对抗方式来对付治疗对象可能失去理性的大脑。

探寻对方处在什么样的境地里，探究他们为何想要维持现状，甚至将维持现状视作一种合理的行动方针，这些做法都不是我独创的，但是我提出的"十大理由"把改变的阻力分成了十个更小的部分，为这些传统做法赋予了一定的形式。这样，改变和维持现状都成为你头脑中可以掌控、管理和塑造的对象。

为什么这十大理由站得住脚

20多年来，我一直把"十大理由"的清单放在口袋里，一次又一次地拿出来使用，为我和我的治疗对象在探究停滞不前的经历时提供了一个简单易懂的框架。这张清单采用类似杜威十进制图书分类法的方式，将维持现状的原因进行了分类，让人放心且容易理解，但随着时间的推移，我渐渐觉得这张清单太过简单，以致无法捕捉到改变背后的一系列过程，这些过程往往藏于深处，人们通常察觉不到这些过程中黑暗的一面。我最开始想尝试归纳这种无形的巨大失望引发的痛苦在行为上的体现，而现在，两只手就表达清楚了。

我所罗列的"十大理由"并非存在于理论的真空之中。我很清楚，它们涉及某些重要的经历，这些经历与我们"希望"的能力有关，也与"失望"这种伤害我们、让我们对希望产生恐惧的力量有关。在和别人讨论"十大理由"清单时，我常常告诉对方这样一个观点——我们可能会恐惧希望，这种恐惧让我们想要维持现状。这个观点虽然有趣，却仍旧让一切停留在理论层面上。直到最近，一切都改变了。

关于希望和恐惧的研究

2018 年秋天，我在罗格斯大学纽瓦克分校的情绪心理学课程上，就"十大理由"做过一次客座演讲。肯特·哈珀教授是这门课的负责人，他是一位研究心理资源的社会心理学家。当我提到对希望的恐惧时，肯特双眼放光，他认为可以针对我的理论概念进行科学的量化和研究。于是，我们进行了一次合作，这次合作证实了我从治疗对象那里认识到的关于他们与希望之间充满矛盾的关系。我们的研究团队发现，对希望的恐惧可以被有效量化，这让我们对"希望的恐惧"以及其他一系列情绪和思维方式之间的关系有了更深入的了解。我们所发现的一切，都有力地解释了为什么维持现状这个选项会出现，而且还是合理选项。

对"希望的恐惧"的了解，填补了"十大理由"勾勒出的空间，也阐明了"十大理由"背后的合理性。这样，你就有机会对想要做出的改变进行更加深入的思考。

第二章

所处之地与欲往之地的紧张关系

---- · ----

我们需要期待带给我们的甜蜜的痛苦，以此证
明自己还活着。

——阿尔贝·加缪

20世纪30年代，库尔特·勒温在柏林大学任心理学教授。
有一次，他和一大群学生去了一家餐馆。点单的时候，服务员
只是在听而没有记录，然后直接转身离开去取餐。15分钟后，
服务员端着托盘回来，依次把每个人点的东西放在他们面前。
用完餐后，他们这一桌的桌面已经清理干净，众人还在等待结
账。勒温问那个服务员他们这桌人分别点了什么，服务员竟完
整地复述了出来，勒温又问他旁边的那桌人点了什么，服务员
说自己不记得结过账的客人点了什么。对于勒温这种善于观察
日常生活的人来说，这一刻让他灵光闪现。勒温做了一个假设：
在点单到结账的这段时间里，服务员会产生一种紧张感，这种

紧张感促使他去记忆，但是当任务结束时（比如账单已结），这种紧张感就会消失，这段记忆也会随之消失。

餐馆里的这段思考让勒温和其他学者形成了一套"人们通常如何追求目标"的理论。勒温是现代社会心理学之父，同时也是组织心理学的核心人物。他的许多具有影响力的理论，聚焦于我们与一个特定目标之间的紧张关系，以及这种紧张感的强弱如何影响我们实现目标的动机。

勒温受到格式塔（Gestalt）学派的影响，这一学派以激进的方式去理解人类认知、学习和解决问题的过程。理解格式塔的概念对于理解勒温关于动机的理论非常重要，而理解勒温关于紧张关系、目标和动机如何作用的理论将有助于你理解对于个人在改变这件事情上的观点。

格式塔在德语中的意思是形状，用以表示某物是完整的、可识别的、可理解的。格式塔学派认为，我们的思维可以对一组独立事物进行观察并从中构建出一个整体。你走进房间，看到地上竖着四根圆柱状的木头，上面水平放着一块木板，木板的一边向上伸出更多更小的圆柱木头，在顶端汇聚，由一块弯曲的木头连接起来。你的大脑不会告诉你这是一堆连在一起的木头，而会告诉你这是椅子，于是你看到的也是椅子。这就是格式塔，一个由独立个体组成的整体。当你走进房间时，你的脑海里浮现的是墙壁、天花板和地板，所以你知道自己是在一个房间里，而不是在石膏板、插座、门框和铰链之中，这同样是格式塔，甚至你走进房间的这段经历也是格式塔。

鉴于我们的大脑总是倾向于形成这样的整体，它不喜欢我们生活中出现差距，不喜欢那些我们认为应该吻合却没有吻合的事物。的确，一些心理学家提出，当我们期望的事物和遇到的事物之间出现差距时，我们的情绪就会涌现出来，而且这些情绪会一直活跃，直到差距消除。当我们的心灵遇到这些差距时，就会想要改变它们，把它们整合成一个完整的东西，以减少它们带给我们的紧张感。我们需要为分离的个体赋予意义，不然的话，世界将在我们眼中分崩离析，变成一片光与尘的混乱和虚无。那里没有房间，没有椅子，也没有你。

这就牵扯到人性中一个很有意思的矛盾。我们的内心深处厌恶差距，这种厌恶迫使我们去消除它。如果我们不安于现状，我们会怎么做呢？我们会设置目标，渴望改变。设定目标本身就涉及一种差距——你现在所处的位置和你想要到达的位置之间的差距。这种差距造成了紧张感，你会为了摆脱这种紧张感而努力，这样一来，一个好东西就产生了——实现目标的动力。一旦你实现了目标，紧张感也就消除了。这就是为什么服务员在干活的时候记忆力特别好——他想要消除点单和结账之间的差距，而牢牢记住就是实现这一目标的手段。这也解释了为什么结账后服务员就会忘记顾客点的东西，因为工作任务一结束，差距就消除了，紧张感也随之消失。

所以，如果想要消除你现在所处的位置与既定目标之间的差距,一个重要手段就是成功地实现它。当然,想要消除紧张感,还有一个不那么费力的方法,就是直接放弃。没有目标就没有差距,没有差距就没有紧张感,放弃和投降也是这本书里很重要的内容,我会在稍后讲到,但我们现在还是继续探讨导致现状与目标之间紧张关系的原动力吧。

你的动机依赖于你所处位置和你的目标之间的紧张关系,一旦你到达了目标,你的动机就会消失,这一点似乎显而易见。你渴望吃最爱的培根汉堡,你之所以有动力去做,是因为你晚餐时想吃到它,你现在的饥饿感与你心满意足地吞咽汉堡包之间存在着差距。然而,一旦你吃完汉堡,你就不再有动力了,因为你的新陈代谢需求与满足这种需求之间不再有差距了。你饿了,于是你吃了一个汉堡包,你也就不再惦记汉堡包了。这个理论就是,你渴望某件事物,而渴望与达成之间的差距形成的紧张感促使你采取行动,一旦你达成了,你也就失去了动力,就这么简单。然而,事实并非如此。从无所作为到有所作为或是从消极作为到积极作为,这些转变涉及一系列复杂的作用力和反作用力,勒温把这些作用力与反作用力称为"向量",这是一个从数学和物理学中借来的术语,勒温将其应用到了人类行为的研究上。

向量指的是既有作用力数值(大小)又有方向的量。美国的数学考试中有一道经典题目,一列火车以 45 英里/小时的速度离开克利夫兰,另一列则以 60 英里/小时的速度离开威奇托瀑布，请问两列火车何时相遇？这道题描述的就是向量。再比如你告诉我要开车来看我，我问你大概几点钟到。如果你回答"我准备沿着文图拉高速往南走"，那么你其实并没有完整回答我的问题，因为你没说自己准备开多快。同理，如果你说将以 65 英里 / 小时的速度行驶，但却没有告诉我现在所处的位置，你的答案同样是不完整的。如果你的回答是"我从家里出发，沿文图拉高速公路向南走，时速 65 英里"，你就给出了一个向量，我也知道该在什么时间为你准备饭菜。

在思考个人目标时，用向量表述是很方便的，它能让我们看到一个人目标的方向以及他们奔向目标时具有的能量和力量，然而我们奔向目标的努力很难简单地归结为数学问题，我们动机的力量和前进的方向都太过复杂，以致无法完全描绘或衡量清楚。一辆以时速 65 英里奔驰在文图拉高速公路上的车很容易描绘，但对于一个有思想的人来说，他在开车的过程中将面临各种各样的因素，这些因素影响着他所走的路线、推动力的大小，甚至对推动力大小的变化也有影响。为什么有人急着驶向客户？为什么有人急着驶离一段糟糕的婚姻？这两种动机都是向量，但都很难转化为速度和方向上的一个数字。马塞尔·普鲁斯特、威廉·福克纳、菲利普·罗斯等作家，一页一页地描绘着各种各样的作用力，它们推动着某个人做或不做某些特定的事情。因此，对我们来说，实现目标并不像在克利夫兰和威奇托瀑布之间画条线那么简单，这就是为什么我们的智能手机可以告诉我们如何开车穿越整个国家，却不能告诉我们为什么要起床。对于我们这些寻求改变的人来说，我们内心驱动力的大小和模糊的目标方向，远比走 1 万步的指令要复杂得多。

场与动力场

让我们回到 20 世纪 30 年代那家柏林的餐馆。在勒温顿悟的时刻，他发现有一种无形的气泡围绕着服务员，他后来将其称为"生活空间"或者"场"。这个"场"包括了服务员自身的心理优势和弱点，他周围环境中发生的事情，以及他对环境和环境对他的反应方式。勒温甚至提出了一个关于"场"的公式：B=ƒ(P，E)，即行为（B）是个人（P）和其所处环境（E）构成的函数（？）。这个公式在当时是相当激进的，它对当时流行的"刺激—反应"模式理论发出了挑战。在勒温看来，人类并不是只会通过外部奖惩来行动的简单有机体，而是具有内在生命、内在思想、有希望也有恐惧的活生生的人，他们可以作用于他们所处的环境，而不只是受环境影响。因此，勒温认为，我们朝着目标前进的过程受动态思想、力量和情绪的引导，而这些思想、力量和情绪的变化取决于我们自身与周围环境间的相互作用。

勒温的理论也是对精神分析法彻底的背离。精神分析法是心理学上的另一种主要研究方法，这一方法认为，行为反应的是神经质忧虑和压抑的冲动形成的人格，他们较少关注人们如何应对日常生活中非常现实的挑战。勒温认为，我们朝着目标前进的过程在一定程度上反映了我们当前的状态，它并非严格基于心理上的特征。勒温说"当前的情况很重要"，这句格言塑造了现代社会心理学。"换个灯泡需要多少位社会心理学家？"答案是"看情况"。

坐在餐馆里的勒温做出了一个假设，服务员对顾客所点餐品的记忆力取决于"心理场"，这个"场"的组成要素包括服务员想要做好工作的渴望、这份工作本身的要求以及他所面临的具体工作任务（比如把炸牛排和啤酒端给那桌喧闹的心理学家们）。这个服务员的行为，比如他非凡的记忆力和给客人结账后展现出的遗忘结果，在这个"场"里都说得通。综合考虑他的身份（服务员）以及他正在应对的情况（服务客人），这就是服务员的格式塔。这个格式塔在点单和结账之间制造出一种紧张关系，从而使服务员记忆力增强。换句话说，如果服务员不去履行他的工作职责，那么点单和结账之间也就不存在什么紧张关系了。

如果这个"场"变了呢？如果这个服务员，假设他叫弗里茨，他变成了其他角色，并且这个新角色的目标占据了更显眼的位置时，会发生什么呢？假设弗里茨是勒温的学生，当他看到教授和其他同学一起进入了餐馆时，他从忙碌的服务员摇身一变成了兴奋的学生；当弗里茨和他的同学们一起落座，此时有另一位服务员负责给这桌点单，他压根就不会注意到别人点了什么。他正在思考向量、心理场这些理论，而不是啤酒，他可能一个人的餐点都记不住，因为他根本就不在那个空间里。弗里茨这种精神状态的转变仅仅是因为他脱下了围裙，和同学们坐在一起，他已经投入完全不同的目标里了。然而，即使弗里茨再次系上围裙，也未必就能想起每个人点了什么。在他的"场"里，不仅有推动他实现目标的力量，也有阻碍他实现目标的力量。

对弗里茨来说，推动他向更好的记忆力迈进的向量包括一份获得收入的工作、想要取悦顾客的想法、他对自己能记住各种复杂事物而自豪、他喝了一杯振奋精神的浓咖啡、他想赚更多的小费。这些向量都参与构建了回忆顾客的餐点和结账之间的紧张关系，勒温把这些让弗里茨专注于自己目标的积极向量称为"驱动力"。

与这些驱动力并存的是妨碍弗里茨的事情，其中的许多事情也会阻碍他完成做一个好学生的目标。例如，他刚从家人那里得知了一个可怕的消息；脑袋在前一晚被撞了；他的上司最近对他的评价很差；令人不安的社会新闻让他心烦意乱；他本身记忆力就很差。勒温将这些阻力和负面影响称为"抑制力"，当你在衡量一个人实现目标的阻力大小时，你所关注的就是这些抑制力。抑制力让我们无法在打个响指间就实现自己的目标。如果没有东西阻碍我们，我们就不会产生任何紧张感，我们将毫不费力地得到我们想要的东西。

为了弄清楚我们是如何实现目标的，勒温发展了他的力场分析法，在勒温看来，一个人的行为存在于驱动力和抑制力之间的动态变化中。勒温描述的情景类似在派对上用吸管吹气球。你对着吸管吹气，气球就会飘起来，只要你保持均匀的呼吸，气球就会悬停在吸管上方，飘在吹气带来的驱动力和地心引力造成的抑制力之间。在勒温看来，人们能够实现目标的唯一方法就是增强驱动力或减弱抑制力。

力场的理论并非勒温首创，牛顿早已指出，任何物体都保持匀速直线运动或静止状态，直到外力迫使它改变运动状态为止。勒温认识到，这些基本定律不仅会影响掉落的苹果，还会影响辛勤奋斗的人类。

我坐在椅子上打字，既没有沉入地下，也没有飘向空中，其原因就是质量和重力间的相互作用，我就是吸管上悬停的那个气球。无论在自然界，还是在心灵的复杂空间里，静止这一状态始终是动态变化的。如果驱动力和抑制力的相对力量发生改变，我们的静止状态就会终止。

有时你的驱动力很强，所以你可以很快地达成目标，但有时你的抑制力会拦着不让你实现目标。还有些时候，一种力量非常弱，另一种力量不费吹灰之力就能把你推向新的方向。通常来说，你与目标的距离就取决于这两种力量相遇的地方。

你曾开车行驶在洛杉矶的公路上吗？洛杉矶的公路经常从

早堵到晚，所以即使你有足够的动力想要过来和我一起喝酒，也不一定能轻而易举地到达我家。幸运的是，你有强大的力量来推动你前进，比如你的驾驶技术、乐观的态度以及你的手机导航软件，但也有一些强大的力量在拖你的后腿，它们把你朝目标的反方向推，比如快车道上有个家伙开得很慢、忽视导航而错过了出口、车速因为路况不得不从 65 迈降到 10 迈。这就是你所处的状态，被驱动力和抑制力左右着。但事情没有这么简单，事实上，目标的意义也将对你的"场"造成重大影响。

让我们回到培根汉堡包这个情景中。你想做一个完美的培根汉堡包来取悦你的约会对象，你真的很喜欢对方，你希望得到对方的承诺。可对方态度犹豫，让你对这段关系感到不安，以致你觉得自己做的每件事都是为了获得对方的认可，比如做你俩最爱的培根汉堡包。你把汉堡端上桌，和你的对象一起吃，但对方似乎对汉堡并不太感兴趣。事实上，对方有些厌倦你这种缺乏安全感的表现，你不断寻求认可的做法令其厌烦。因此，你想吸引对方的做法并没有成功。

事实上，你为了达到目标而采取的错误策略反而让你离目标越来越远。你的胃已经饱了，汉堡包的味道也没什么特别，但你对这段关系的渴望却愈发强烈。因此，起点和目标之间的紧张关系并没有因为吃了一个培根汉堡包而消失，这种紧张关系可能会持续，因为你想通过汉堡来消除渴望承诺和得到承诺之间的差距，这种想法从一开始就是愚蠢的。你的不安全感以及对方对这种不安全感的反应，都是削弱你的抑制力。

如果有人也正在看培根汉堡这个情景，却不了解你的不安、你对承诺的担忧以及你为了确保这段关系而采用的适得其反的方法，那么在他们眼中，这将是一件很简单的事情，不过是一个人为另一个人做晚餐而已，但你的实际目标与这件事看起来的样子并不相同。事实上，你的实际目标是基于某些精神需求产生的，而这些需求只有你自己知道，别人看不见。

其实，目标的意义往往都被藏起来了，我们自身的心理状态将关系到出发点和目标之间的紧张关系。这意味着，如果不去理解他们为什么会对某件事物产生渴望，我们就无法真正知道一个人的动机。用勒温的观点来看，每个包含着驱动力和抑制力的"场"或"空间"，都像雪花一样独特，他们在独特的个性、动机和社会环境之间的相互作用下产生。在勒温看来，所有动机都存在于一个有影响力的"场"中，每个人所持目标的意义都是不同的。正因如此，勒温对大多数以自我激励实现改变的建议都抱有极其严厉的态度。

"如何……"这类建议通常忽略了动机的复杂作用，似乎一个特定的目标对每个人的意义都是相同的，且每个人都生活在同样的"场"里。这类建议只适合那些思想与行为完全一致的人，他们的行为完全代表自己的意愿，其行为除了明显要达到的目的之外没有任何深意。勒温认为这种人根本不存在。

举个例子，吉姆、卡拉和李都把减肥作为目标，但其背后的原因各不相同。吉姆很孤独,他想在社交中提升自己的吸引力;卡拉是一名网球运动员,她希望自己的运动技能有所提高;李的胆固醇很高,他想改善自己的健康状况。毫无疑问,停止吃不健康的食物对他们三人都有好处,但是他们的潜在目标分别是获得更好的社交体验、更好的运动能力和减少对疾病的担忧,而他们有各自达到潜在目标的方式。每个人所处的位置和他们想要达到的目标之间的紧张关系,很大程度上也是由他们特定目标的意义所决定的。吉姆找到的伴侣可能恰好喜欢稍微胖一些的男人,因此他不再觉得自己需要节食了;卡拉可能在自己的网球俱乐部里得到了提升,同时也获得了更多减肥的动力;李的医生可能会告诉他,他所服用的抑制胆固醇的药物效果明显,李因此觉得自己可以在饮食上稍微放松一点。这三个人都设立了减肥的目标,但他们赋予目标的意义影响着他们每个人与目标之间的紧张程度,从而也影响了他们达成目标的动力。

正如我将在本书中论述的那样,最强大的驱动因素和最强大的抑制因素往往就存在于这些潜在、独特的个性化目标中。"如何……"这类建议没有触及目标背后的意义,也没有教你如何理解这些意义,因为提建议的人并不了解你,他们也不知道你为什么想要达成这个目标。这并不是说那些流行的建议在这个由独特个体组成的世界里一无是处,如果结合一些适当的思考,这些建议可以提供一个建立在集体智慧上的路线图,帮助你做出所需的更改,从而为你的驱动力提供一点额外的推力

（然而这类建议也可能伤害你，因为当你跟着路线图走，却发现一切没有改变的时候，你也会感到气馁），但现在流行的那些关于自我激励的建议远远无法让你从现在所处的位置到达你想去的位置。

我实在不想这么说，但如果只靠勒温的力场理论，你也无法到达你想去的地方。力场理论提供了一个关于"场"的全景图，也让人看清它们是如何影响一个人所处的位置和他们想要达到的目标之间的紧张关系的，无论这个目标是服务好一桌食客，还是某些更大的事情。个人改变就存在于这幅大的图景中，它有自己独特的张力，这些张力中包含着某些特定的驱动力和抑制力，无论何时你开始改变，它们始终蕴含在自我改变的张力中。当你打算改掉一个习惯、改善健康状况、学习新东西，或者寻求更深层次的心理目标时，特定的抑制力和驱动力就会进入"场"内，这些抑制力和驱动力并不会在你努力完成其他许多生活目标时出现，例如记住餐馆里的订单或是制作你最喜欢的培根汉堡。

"希望"与"死亡"之间：个人改变中的紧张力场

你还记得孩童时代，有人问你想要什么生日礼物的时候吗？可能在说出答案前，你会先想一会儿。比如你想要一辆自行车，在提出自己的要求之后，你是否会突然觉得自己必须要有一辆自行车？在表达了这种愿望之后，你突然对这个愿望更迫切了，甚至觉得如果没有自行车，你的生活将是不完整的，自行车关系到你的幸福。在你等待礼物的过程中，关于自行车的两种感觉——没有得到的失落感和得到后的满足感是否都在滋长？如果答案是肯定的，那么这种体验正是当你期望某事发生时会出现的紧张感。当你对某件事怀抱希望时，你就给希望的实现赋予了一个正值，给希望的落空赋予了一个负值。

生活中有各种各样就像生日礼物这样的目标，它们都包含着希望带来的紧张感，但这些目标与努力实现个人改变还不太一样。希望在晚上的牌局上赢钱，或是希望你的邻居不要在凌晨大声放音乐，这些愿望都不需要你做出什么改变，但个人改变的确是一个实现目标的过程，它同样会触发和你怀抱希望时一样的体验，即包含着你对某样重要的事物的渴望感以及你知道自己还没有获得它的痛苦感。个人改变中蕴含的内在张力，之所以与你希望达成的其他目标不同，并且这种张力往往会更强的原因之一在于目标本身的性质。

指定重要事项：指出缺憾的所在

当你希望实现个人改变时，你所希望的是自己身上的改变，而非像自行车一样的某件具体的东西，这意味着你现在觉得有必要去实现的目标恰恰也是自身缺乏的。以节食这件事为例，当你节食的时候，你的思想负担简直就和你的体重一样重，如果节食失败了，你很有可能会比没有节食时更在意你的体重。

如果不是注意到了生活中某些地方的欠缺，你是不会希望改变的。比如你想学画画，于是你报了个绘画班，通过上课，你为"变得擅长画画"赋予了一个正值。通过给这个目标赋值，你明确地意识到，你目前的技能树上缺少一些你看重的技能。如果你在这门课上表现不好，那就证明你对自己上课前的水平认知是正确的，但你会比之前更在意你对这项技能的缺乏，因为你通过这个过程让它变得更有价值了。

作为一个人来说，我们天生会想完成那些未完成的事情，那该如何来消除希望实现个人改变而引发的紧张感呢？换句话说，我们应该如何应对这种并不让人愉悦的撕裂感呢？面对这个问题，有两种完全不同的解决方法。

第一种方法比较难，那就是尽全力实现你的目标。你坚持上绘画课，完成所有作业，并在业余时间继续练习。这意味着在你最终达成提高绘画水平这一目标前，你需要长时间的练习，而且得不到任何即时的满足感（即使完成了目标，你与目标之间的紧张关系可能仍然存在，因为那时你会发现你还有更大的提升空间）。

第二种方法就简单多了，那就是放弃目标，维持现状。当然，你会有那么几天感觉很糟，但最终，由于你不再把提高绘画水平当成目标，你也不会为它赋予一个很高的数值，你的缺憾也就会减少很多，这就是为什么我们多数人往往倾向于维持现状而非自我改变。无论何时，只要你朝着你想要的和需要的事物前进，你所冒的风险就要比你安于现状的时候大得多。

因此，自我改变是一件非常严肃的事情。不管你渴望实现的改变看起来是多么渺小和琐碎，它总是纠缠在这样一种体验中，你一边看到了自己认为缺少的东西，一边又暗自清楚自己到最后未必能得到它，在你和自我改变这个目标之间，有一道深深的鸿沟，它是如此地难以逾越，以致当我们这颗善于弥合所有差距的大脑在面对它时会变得疯狂。

我一直想告诉你这条鸿沟是什么，接受这个事实不是一件容易的事情。现在，请深呼吸，我来告诉你：你现在还活着，但终有一天你会死去，而且可能就在今天。这道鸿沟无法逾越，由此带来的紧张关系会终身伴随你。

既然我已经把这个坏消息告诉你了，你打算怎么办？去做一些一直想做但没做的事情？如果你能这么想当然很好，但我必须提醒你，当你做出种种改变的时候，这些差距带来的痛苦将比维持现状更折磨人。我们的生命如沙漏里的沙子一样流逝着，而个人改变这一命题所关乎的是我们如何生存在巨大的、完全无法预测的死亡阴影之中，从来都是如此。

当我们准备做出改变的时候，你可能不会对自己说："我要学习织毛衣，因为我终将埋于九泉之下。"但你会产生一些压力，这些压力在你安于现状的时候是不会有的。你会感觉自

己需要而非想要学习织毛衣。怀着这样的希望时，你会对自己
产生一种责任感，你会担心来不及补足那些你生命和你自身缺
失的东西。之所以会产生这种责任感，是因为你心里清楚，这
个世界留给你的时间是有限的。

　　你的大脑会拼命不让你在这种想法里深入想下去，为的是
让你避免因为无法解决这一难题而发疯。你的大脑很擅长否认
并逃避"尘归尘，土归土"的现实，它的常见手段就是让死亡
这件你最恐惧、最无法逃避的事情看起来抽象、晦涩、不现实。
如果你知道另一种视角的话，你会发现死亡的威胁无处不在。
当你想完成某件事时感到的摆脱不掉的压力；那种时刻让你保
持专注的紧迫而无形的力量；事情出现拖延时你所感到的烦躁
不安；想到"当时要是……就好了"或"当时应该……"时产
生的罪恶感；对自己未开发的潜力感到不安；对无聊和空虚感
到恐惧……以上这些感受，只有人类这种寿命有限且深知自己
寿命有限的物种才会感受得到。

　　即使你深刻地体会过这些感受，并且日复一日地感受着它
们，你的大脑依然能够很好地将这些感受与它们的根源（随时
可能到来的死亡）分离开来。"噢，我又在后悔了，我的生活
中充满了不安、后悔和厌倦。"当你这么想的时候，你会觉得
这些情绪在根源上没有什么共同点，但它们其实有。这些情绪
的产生不仅与"人终有一死"的客观事实有关，也与"死亡凸
显活着的意义"这一现实以及"在生命结束前想做些什么"的

想法有关。关于生存的忧虑，其实就是关于你的孤独以及你所肩负的用宝贵的一生做些事情的使命的忧虑。

当你希望实现个人改变时，你会很重视自己改变后将达到的状态，比如掌握一项新技能、改善和家人的关系、实现一个工作目标、让人生更有价值等，这也让你更能意识到自己目前的缺陷。与此同时，生命的时钟滴答作响，大限随时可能降临，这些因素结合在一起，让个人改变的目标与生活中想要获得其他东西的目标变得不太一样。当你希望拥有一辆自行车时，你可能会很在意自己没有自行车，但你不会去想"如果没有得到自行车，你将失去自己的某些东西"。同理，你可能很想要一个培根汉堡，但它如果在炉子上烧煳了，你不会觉得你错过了一个改善自己有限生命的重要机会（除非你做汉堡的目的就是改变你的人生）。

这种不同使得你在朝着目标前进时要遵循三个关于个人改变的特定法则，但这些仍包含在勒温的力场理论中。你必须按照这些法则前进，这样才能推动自己前进，并做出真正持久的改变。

这三个法则都很基础，一个关于责任和孤独让你产生的焦虑，另外两个关于你自身希望与信仰的能力。当你想要改变的时候，这些法则就会融入驱动力和抑制力中，它们影响着你的驱动力和抑制力，让你最终停在原点，维持现状。

第三章

自我改变的三大法则

───────────── · ─────────────

我们的选择塑造了我们。

——让－保罗·萨特

改变，与你的所处之地和欲往之地之间的紧张关系有关。
有的改变很小，比如你决定每天睡觉前把钥匙放在同一个地方。
这种小改变带来的紧张关系很容易控制，它的拉扯力度就和用
两只手的食指夹着一根橡皮筋差不多，你只需要往两边稍稍抻
一下就行。如果你追求的是某种实质性的改变，比如改变饮食
习惯或是改善与同事们的关系，那你面对的紧张关系的拉力也
更大。这倒不是说实质性的改变目标更大更难满足，目标难度
的大小并不是线性增长的，不是从 10 磅增到 40 磅这么简单的。
事实是，当你追求一个真正能改变生活的目标时，有太多维度
的难度增加了。首先，你把这个目标看得比你决定实现它之前
更重要了，你也意识到，你的生活非常需要这个新确立的重要

目标。换句话说，仅仅把某件事物当成目标并希望实现它，这件事物的重要性和挑战性就已经增加了。

因此，一旦你确立了自我改变的目标，实现它的风险也随之增加了。你会有一种渴望，好像没有实现这个目标就活不下去了，同时也会担心无法实现目标将对自己生活产生什么样的影响。所以，与那些对整个人生影响不大的目标相比，比如每天都把钥匙放在相同的地方，自我改变这一目标带来的紧张关系显然让你压力更大，毕竟你不可能一整天都承受着这种压力，但只承受一会儿还是没问题的。

当你朝着一个主要的个人目标前进时，你总能感到一种让自己有限的生命尽可能有意义、健康和有深度的压力。想象你在驾驶一架飞机，现在不再是自动驾驶模式，而是切换到了手动模式，那在选择航线、制定航程图、到达终点的过程中，你需要根据不同情况做出不同的决定。试着比较一下，维持现状简单易行，对我们充满吸引力，而自我改变困难复杂，让人困惑，这就不难发现为什么我们倾向选择前者而非后者。根据勒温的力场理论，有各种各样的因素在推动我们朝着目标前进，比如我们的天赋和能力、我们从别人那里得到的支持、我们在社会上的崇高地位以及我们的物质资源，也有各种各样的力量抑制着这种向上的动力，比如我们在某项任务上能力不足、社会支持和物质资源的匮乏。这些向上或向下的箭头随着重要性移动或变化，而这种重要性取决于我们想要达成的目标是什么。

当我们决定把自我改变作为目标时，我们对孤独和责任的焦虑总是存在，这种焦虑是驱动力和抑制力的核心影响要素，也是这种焦虑将自我改变与其他需要动力的行为区分开来。

哈罗德的紫色蜡笔

几年前，我在哄年幼的儿子马克斯睡觉时，给他读《哈罗德与紫色蜡笔》的儿童绘本。那时，我也正在研究我的"维持现状的十大理由"，为此我还重新读起了自己研究生时代的关于存在主义的教科书，以帮助我用哲学方法对那些理由进行归纳。我在读绘本的时候，惊奇地发现这本书是如此生动，它描述了是什么在驱使我们朝目标前进，是什么阻止我们实现目标，以及这些动力和阻碍是如何以一种存在主义的方式相互作用的。今天，当我想到存在主义时，我脑海中浮现的不是加缪或萨特，而是哈罗德。

在绘本里，只有哈罗德孤零零的一个人和一根巨大的紫色蜡笔，当他不用蜡笔绘画时，书页是空白的；当他挥舞蜡笔时，他周围的世界便跃然纸上。哈罗德的涂鸦有些是帮助他前进的，比如他画了一个帮他指路的警察，更多的涂鸦则是恐吓和阻碍他前进的，比如他画了怪兽、刮着风暴的大海、悬崖等。面对这些危险的力量，哈罗德总是能找到办法，不顾它们的存在而继续前进。他有时只是一直朝同一个方向走，低着头，面对眼前的挑战，更多的时候，他会画出新的和富有创造性的道路来绕过这些障碍。

《哈罗德与紫色蜡笔》这本书，描绘了我们掌控自己人生时内心的惊喜与焦虑、充实且有意义的人生需要我们承担起责任、那些让我们停滞不前的阻碍、不顾阻碍地前进需要做些什么，以及当我们遭受失望与挫败时如何让自己振作起来。

书中的一段图文很好地描述了我们成长所需要的那种坚韧的精神，尽管我们对掌控自己生活的担忧阻碍了我们。哈罗德先画了一棵漂亮的树，但暴露在野外，于是哈罗德画了一个怪兽守护这棵树，但他很快忘记了自己刚刚画的怪兽。哈罗德变得焦虑不安并开始发抖，他的手抖得太厉害了，以致他不知不觉画了一条波浪线，而波浪线变成了大海。他陷入了焦虑的海洋并被淹没，但很快就浮出了水面，他给自己画了一艘船，并且爬上了船。一切又变得顺利起来，但这种局面没有维持多久，在哈罗德的面前，还有其他挑战在等着他，而他拥有的应对挑战的武器只有一根紫色蜡笔。

这是你需要学到的关于改变的重要一课。当你改变的时候，就是自己在描绘人生的时候，同时也需要为此负责，因为每次改变都会冒着很大风险，改变失败就意味着你无法得到你想要的东西。一旦失败，你会把这件事看作生活中的缺憾，也看作自己身上的缺憾。尝试改变同样有风险，因为你无法确定自己是否有能力处理将要面对的焦虑感和责任感。当你面对挫折或失败时，你能造出一艘船让自己浮在水面上吗？你能调转方向，朝着自己选择的目的地航行吗？像哈罗德一样，相信自己并不断地在道路上绕过障碍才能继续前进，但这取决于你能保持多大的希望。

人人都是哈罗德，很多时候都能感到要对自己生活负责的焦虑感。当我们在凌晨 3 点突然醒来时，在工作中迷失方向或是对自己的人际关系感到迷茫时，当我们只想改变一些简单的事情却感到有什么东西在阻碍我们的成功时，我们就能体会到这种焦虑。这些时刻就是我们面对空白书页的时刻，需要画出一条有意义的道路。同样，我们都找到了具有创造力的方法来保持前进，尽管肩上的责任很重，但我们那根名为"改变"的紫色蜡笔始终支撑着我们，帮助我们制造各种工具让我们到达彼岸。对我们所有人来说，我们的紫色蜡笔——我们选择和决定的自由，既是可怕的焦虑之源（它会画出疑虑的波浪让我们对目标和实现目标的能力感到怀疑），也是重要的希望之源（它为我们提供了实现目标的手段）。

你面前有各种各样的选择，你做出其中一个选择导致的结果就是你现在正在读这本书。当你知道这一点，你有什么感觉？可能会有点焦虑不安或是激动？这是因为焦虑感正在你的灵魂中起舞。存在主义学者索伦·克尔凯郭尔把这种焦虑称为"自由的眩晕感"并这样描述它：当你清醒地意识到自己有选择权而且可以掌控自己的时间和生活时所体会到的焦虑感。

自由带来的焦虑感令人头晕目眩，这种焦虑感拽着你往下沉，让你淹没在担忧的汪洋大海中。如果把改变看作一次跑步比赛，当裁判员喊"各就各位，预备，跑"时，这种焦虑感同样存在于"跑"字出口的那一刻。做自己命运的主宰者带来的焦虑感，既会阻碍也会推动你前进。

关于自我改变的第一法则关注的就是这种阻碍——拥有改变的自由而引发的焦虑。

自我改变的第一法则：自由的眩晕感及其束缚

当你改变自己时，你是在响应内心的召唤，主宰自己的生活，并且让它变得更好。这意味着相比于保持现状，追求自我改变将会使你面对更沉重的责任感和孤独感。这种认知会让你产生"存在焦虑"，因此，每一次迈向自我改变的行动中，都伴随着"存在焦虑"带来的反作用力。

正如我之前所写的，当你朝着你想要达成的改变目标前进时，各种各样的因素都可能阻碍你，无论你是谁，在那个特定的时间遭遇了什么，或是你想要达到怎样的目标，总有一种抑制力始终存在。这种抑制力来自你深知人生在世所要面对的责任和孤独，源于你知道那支紫色的蜡笔在你手中，接下来发生的事情由你掌控。当你意识到你的责任感和孤独感时，你的大脑一直试图扼制会产生的焦虑。

虽然本书不会对存在主义进行深入探讨，但从存在主义的角度来研究我们的心理可以为我们提供一些重要且有条理的理论，这些理论是关于"存在焦虑"对我们的约束的。在由生到死的路上，我们基本上只能依靠自己。即使我们有过心意相通的时刻，感受过爱、参与感以及精神融合的伟大瞬间，我们能从中获得什么也取决于我们自己。当我们面临严重的压迫和创伤时，我们最终也要独自决定如何应对这些挑战及伤害。在这些情况下，我们的选择是有限的，而这些有限的选择可能会让我们最终实现的目标不遂人意，但无论如何，我们依然是有选择的。

"存在主义"这个词很可能让人联想到一位法国哲学家在巴黎的咖啡馆里阴郁地抽着高卢烟的画面。他正感受着存在主义者口中的焦虑——当你认识到自己有采取行动的责任并且这项行动只能独自完成时产生的那种情绪。意识到事情的结果将取决于自己，以及你是自己"生命之书"的定稿人，这是一件很可怕的事情。这就是为什么认识到自己身上的责任感会让人恐惧。如果我在塑造人生时犯了错怎么办？如果我选择的道路最后是没有意义的怎么办？如果我最后将在空虚与孤独中死去怎么办？再比如，如果我能依靠的人只有我自己，我该如何处理自己的问题？我该如何缓解孤独和孤立无援带给我的痛苦体验？如果获取安慰与感到慰藉都是由我自己决定的，我该怎么做才能让自己得到这种安慰呢？上述这类问题都是"存在焦虑"

的根源所在。

不管你是否注意到了这些问题（我们大多数人都没有注意到），当你面对自我改变时，这些问题往往就会涌现出来。事实上，自我改变是证明自我存在的终极时刻，你在这一刻独自承担起帮助自己的任务，为某件事物赋予价值并决心为它采取行动。通过这样，你肩负起对生活的责任。

想想你追求一个重要的个人目标的时候。当你决定了自己的目标，哪怕这个决定是你在和别人的谈话时作出的，你是不是也在心里和自己握了个手？当你追求这个目标时，你有没有感到只有自己可以依靠？即使在这个过程中你像跑马拉松一样被许多人包围着，但冲向终点时，你还是会感到深深的孤独。

现在回想一个你没能实现的目标。你可能对自己很失望（这种感受或轻或重），感觉这次失败印证着你的无能。再回想一个你完成的目标，完成的那一刻你对自己的能力很自豪，也许还带着一丝因想要维持成功而产生的焦虑。无论是哪种情况，无论你的目标有多微不足道，这个过程都会让你更强烈地意识到自己有责任掌控生活。

当你在生活中做出改变时，没有人会参与，只有自己站在那里；如果失败了，你也要对自己负责。这同时提醒你，只有你自己才能对整个人生负责。如果你实现了改变，你也必须承认你肩负的责任，这样你才能继续新的征程。无论失败还是成功，哪怕你只是在自我改变的水面上沾了一下，你也会被卷入永恒孤独的浪涛中。这就是为什么我们宁愿维持现状，也不愿意做出改变。

现状是一座避难所，这座避难所是我们从自己牢牢掌控的经验中获得的。换而言之，维持现状是我们暗中作出的选择，这个选择让我们觉得自己什么都没选。这种逃避责任的倾向是我们生活的一个核心要素，即使有时我们改变的动机强过责任感带来的压力，我们还是会倾向于选择逃避改变。

诚实与自欺

我朋友的生日快到了，我得给她买个礼物。我开车到商店后，得把车停到停车位。进了商店，挑好了礼物，我需要买礼物盒和漂亮的包装纸把它包起来，然后还得排队结账。轮到我时，我得付钱。所有这些我觉得是自己必须要做的事情，其实都是我自己选的：我不想让朋友失望；我不想被警察开罚单；我希望朋友喜欢我的礼物；我希望她因为我的礼物包得好看而高兴；插队可能会引起麻烦，还不如排队；如果我不付钱而是偷走礼物，我可能会坐牢。所以没有一件事是我必须要做的。在这一幕幕场景的背后，仿佛有一个舞台导演在权衡着每个决定的利弊。

法国著名存在主义学者让－保罗·萨特把这种对自己和他人隐瞒自己动机的自我欺骗行为称为"自欺"。无论大事小情，自欺都有可能伴随其中，无论是买礼物这样的琐事，还是人们对自己撒的弥天大谎，比如那句经典的"我只是奉命行事"。

萨特将不去隐瞒动机的行为称为"诚实"。保持诚实的姿态意味着你清楚生活是由一系列选择构成的，而你要为自己做出的选择负责。诚实意味着你要以作者的身份面对生活，当你在行为中诚实时，你是在书写生活，而非简单地在其中扮演角色。我们大多数人往往倾向于选择自欺而不是诚实，我们更喜欢念台词而不是写台词，考虑到我们对自己作者身份和孤独的真实态度，焦虑必然出现，而选择自欺可以让我们不必为此困扰。

自我改变会让你在责任和孤独的强光下变得盲目。所以，当你尝试改变的时候，你更像是在诚实模式下行动，而非自欺模式。这意味着尝试改变总是伴随着其自身的束缚。当你决定改变自我时，你也就自动站在了那个关于存在的困境面前，而这个困境是你一直极力避免的。此时，"自欺"就变成合理选项了，在"自欺"模式下，你可以保持现状，无权做出改变的决定，理所应当地不对生活负责，不思进取。

幸运的是，在你的"场"里还有驱动力存在着，这种驱动力就是你保持希望、保持信念的能力。

自我改变的第二法则：希望的驱动力

希望是存在焦虑的反作用力。它让你在意识到自己是生活的唯一责任人后，依然能保持前进信念。没有信念，支撑希望的力量就会崩塌，这将导致你对责任和孤独的焦虑感增加，而且会让你觉得那些能驱使你前进的力量是危险的。

自由就像飞翔一样，可能让我们害怕，但也让我们兴奋得晕头转向。它可能会让我们直面孤独，但通过自由，我们可以遇见并认识更深层的自己。生而为人，我们天生拥有一项不可剥夺的能力——做决定的能力，而我们做出的决定对我们自己的生活质量、他人的经历和生活质量，以及我们的自然环境和社会环境都会产生影响。尽管这一事实可能会引发焦虑，但它展现出的前景令人兴奋，因为它为我们提供了自我创造的机会以及让我们把生活变得深刻和丰富的能力。当你面对你的责任和孤独时，你也获得了一个真正的机会来充分地提升自己，这个机会还能使你发觉自己潜在的力量和天赋，而之前你可能一直对这些潜能抱以怀疑的态度。但若想自由飞翔，而避免一头扎进势不可挡的焦虑中，我们需要一种能推动你前进的满怀希望的情绪。

关于自我改变的第二法则，说的就是每一次前进的背后都是这种强大而微妙的情感在推动。当你开始自我改变时，各种各样的事情会推动你前进，朋友的鼓励、你的自信、物质资源的支持（比如金钱和稳定的工作）、你的天赋、你在社会中的地位等。这些驱动力就像你的"场"一样特殊：它们时有时无，时而强大，时而微弱。但是，当你试图向前迈进时，希望始终存在，它就像存在焦虑一样融入了改变的过程中，并对抗着存在焦虑这一抑制力。

希望是一个经常被用于精神领域的概念，常常出现在宗教语言和诗歌中。在我看来，它同样也是心理和生理健康中不可或缺的要素。事实上，我认为希望揭示出"进化"这一最世俗的概念。面对强大的抑制力，是希望推动着我们行动起来，并让我们努力地适应和改变。

每当你设定了一个改变的目标并朝它前进时，你要么应对一个威胁（如果不戒烟，我可能会英年早逝）；要么应对一个挑战（戒烟并非易事），也可能二者都要应对。你对威胁和挑战的态度决定了你尝试改变的意愿，也决定了改变一旦开始你能坚持多久。希望是一种内在力量，它赋予你尝试的勇气、不断前进的毅力，以及在失败时重整旗鼓、再试一次的能力。

面对威胁和挑战，无论你是行动起来还是停滞不前，从中发挥作用的是希望的力量。这一点将希望这个虚无缥缈的概念带到了"进化"的土壤中。对任何一种动物来说，如何感知和应对威胁及挑战，是其自身生存和物种进化的核心与基础。

如果一只鹿在听到树枝折断的声音时，深思熟虑地权衡逃跑的利弊，那它迟早会被做成标本挂在壁炉上；如果一只蚂蚁对每座山的斜坡都牢骚满腹，那它一定会给井然有序的蚂蚁世界带来巨大混乱。但是，当人类面对生存的命题时，我们能做的远比我们的"出厂设定"要多。当我们遇到威胁和挑战时，对于下一步怎么做，我们经常会仔细思考，再做决定。我们的选项不止"战"和"逃"这两个，这意味着我们的决定受个人偏好、文化规范和我们与他人之间的合作所引导。人类对威胁和挑战的筛选系统是为了应对不确定性而设计的，这包括死亡这一巨大的不确定性，即我们知道自己终有一死，但不知何时死亡、如何死亡。因此，我们对威胁和挑战的筛选取决于我们的选择。

那么，这与你能否成功地改变你的生活有什么关系呢？

希望与动力思维

在《哈罗德与紫色蜡笔》中，哈罗德并不是在进行一场无止境的冒险，他其实是在寻找回家的路。因此，他心里有一个非常明确的目标，并尝试各种办法去实现它。所以，对哈罗德来说，在他所处的地方和他想要到达的地方之间一定存在着勒温所说的那种"紧张关系"。哈罗德希望回家，这造就了这种紧张关系，但当他遇到障碍时，他会找到不同的方法克服障碍——保持希望，是哈罗德应对紧张感并不断前进的手段。

就像我之前举的你希望得到一辆自行车的那个例子一样，

希望的必然结果是它会指定出一件重要的东西，从而使你注意到自己缺少那件东西。但其实希望的真谛是把你从"想要"的状态中解救出来，让你瞄准将会得到它的"那一天"。换句话说，希望存在于对时间的预期之中。勒温将其称为（你可能已经猜到了）"时间洞察力"。

根据勒温的定义，时间洞察力指的是个人心理上对给定时间点的未来和过去的总体看法。从这个角度来看，希望和服务员的记忆力有点像。它是由介于两者之间的紧张关系产生的：我比昨天走得远了一些，我正在朝某件事物走去，我知道我想要达成的目标是什么。希望关乎着过去、现在和未来。当你因为觉得自己缺少某件你需要的重要事物而挣扎时，希望会让你镇定下来。而且它让你保持前进，即使你的这个需求没有被立即满足。

温斯顿·丘吉尔在他最著名的演讲中抓住了希望的精髓，这篇演讲发表于英国的至暗时刻，那时英国正独自对抗着纳粹看起来不可阻挡的猛攻。在那篇名为《我们将战斗到底》的演讲中，丘吉尔说："我们将在法国和他们战斗，我们将在海洋上和他们战斗，我们将充满信心地在空中和他们战斗，我们将不惜任何代价，保卫本土。我们将在海滩上和他们战斗，在敌人的登陆点和他们战斗。我们将在田野和街头和他们战斗，我们将在山区和他们战斗。我们决不投降。"

丘吉尔更多的是在谈论战斗而不是胜利，他谈的是不放弃、不屈服。他的演讲既有对美好的期待，也呼吁人们在当下朝着目标前进，无论结果好坏，这就是希望。丘吉尔在演讲中还罗列出一系列可供选择的战斗方式。因此，就像哈罗德和他笔下各种回家的道路一样，丘吉尔把希望和永不放弃的精神，以及实现目标的方法联系在了一起。这就是希望的核心要素：在你的周围、地下或空中找出路径，越过障碍。

查尔斯·斯奈德是一位著名的研究希望的社会心理学家。他认为，让我们得以找到通往理想目标的各种途径的能力，是"希望"赐给我们的礼物。当你满怀希望，看到面前有一个障碍时，你会想出其他办法绕过它；当你缺乏希望时，如果你所走的路被堵住了，你会很快放弃。因为你觉得只有你现在走的这条路，能让你到达你要去的地方。在我看来，这意味着希望与沉思紧密相连，沉思在自我改变中占据着重要位置，它让你退后一步，尽可能保持冷静，仔细思索你面前的所有选择。

希望让你保持前进，即使遇到了挫折，希望也能让你想方设法地以一种创造性的方式前进。这么看来，希望是绝望的解药。当你心怀希望时候，你绝不会向绝望投降，因为当你面对障碍的时候，总有其他可能性在你面前。你只需要搞清楚如何用你手中的蜡笔把它画出来就行。然而，在另一个悖论中，希望身上往往贴着这样一张警示标签：希望是绝望的主要原因。希望与绝望是双生关系。如果绝望的气息没有逼近你的背后，你就不会产生希望。同样，如果你从来不曾冒着风险去希望得到什么，那你永远也不会陷入绝望中。

希望不会否定、抹去或驱散绝望：它可以让你在绝望中依然保持前进，即使你现在因无法得到想要的东西而绝望，它也会驱使你前进。这种推动力影响深远，它给你继续前行的力量，让你在幽深黑暗、尽头没有一丝亮光的隧道里，不断思考如何前进。然而，希望也给你指出了重要的、有价值的东西，并告诉你缺乏它们，这会让你觉得如果你没有实现目标，你就会失去一部分生命的意义。因此，希望不仅能在绝望的时刻推动你前进，它还是通向绝望的主要途径。

在我看来，绝望是一种令人崩溃的、完全无能为力的体验，你认识到了自己生活中缺乏的东西，并深深地感到自己需要它，但却无法得到。如果绝望是我所描述的这样，那么你若不朝着希望进发，你也就不会陷入绝望的境地，因为是希望让你把那些目标看得很重，并让你意识到自己缺乏它们。

希望和绝望之间的这种双生关系很像攀岩。你越是充满希望，就越觉得你必须得到你希望得到的东西。这意味着如果你从未能满足维持生命需要的希望中跌落下来，那么之前爬得越高，摔得就越狠。我的治疗对象马克就是一个生动的案例，他的故事将告诉我们，当你希望得到某样东西却没能实现时会怎样。

马克与他的唱片机

马克40多岁，在和女友艰难地分手后，他来找我寻求帮助。主要是抱怨生活的不如意，他这样说道："我不知道自己想要什么，甚至不知道自己喜欢什么。我对任何事情都拿不定主意。我经常动都不动，因为我不知道该做些什么，只有危机出现的时候我才会动弹。"

马克小时候曾遭受父母严重的精神虐待。他的父母曾训斥他，贬低他的努力，把他看成是可有可无的人。成年以后的马克觉得自己的生活一地鸡毛，他时常能感到自己与内心世界的脱节，甚至连自己设定的最小的目标都无法实现。在一次治疗时，马克讲述了他童年的一段经历：

"我当时一个人在房间里，有人打开了小屋里的唱片机。唱片机里播放的是一首我非常喜爱的曲子，于是我跑到小屋里去听，并随着音乐跳起舞来。一开始我动作不大，因为我不想惹恼别人。但我渐渐开始放飞自我，自顾自地跳起来，做些弹吉他的动作什么的。我非常高兴，感觉自己很自由。我很少产生这种自由的感觉。通常情况下，我都会比较拘束，因为对我来说，做任何有趣的事情都是有风险的，但那天，我稍稍疯了一把。就在我跳舞的时候，我不小心撞到了唱片机，唱片机跳针了。我父亲冲进了房间，冲我吼了起来。"

考虑到马克小时候遭受的种种可怕的精神虐待，这件事似乎有些微不足道。然而这个故事却在我们的治疗工作中点明了一个中心主题，使得我们一遍又一遍地回味它，并把它看作马克成年生活的隐喻。当马克随着音乐起舞时，他获得了某些他很少尝试去获得的感觉，但实际上这些感觉是童年中必不可少的，那就是玩乐、疯闹、开心、随心而动、随意想象的感觉。马克从他以往的拘谨中逃跑了，逃向这个欢乐的时刻，但由于他摔倒了，这次逃跑变成了一个危险的举动。他的自由和欢乐的天性瞬间变成了一种负担。马克的故事揭示出我们因怀有希望而受的苦难，它告诉我们，当我们试图去获得我们需要的东西时，希望会打开生活的大门，丝毫不设防，并卸掉我们的防御。然后在这样一个最脆弱的时刻，我们被伤害了。马克的故事与绝望和沮丧有关。这个故事成为我们治疗的主题，因为它描绘出绝望与沮丧的感觉是如何阻碍了他产生希望的能力。这同样是马克经常质疑自己和他人的原因所在。

我相信，希望的核心是一种没来由的自信，这正是马克成年后所缺乏的，这种缺乏让他的生活支离破碎。这是一种对自己、对他人、对宇宙的信仰，这种信仰并非源于任何可靠的依据或确定的事实。"希望"就是这样把你拉过绝望和犹疑的，这就是为什么你甘愿冒着失败的风险去怀抱希望：你有一种自信的感觉，这种感觉让你觉得穿越绝望、抵达彼岸是值得的，你相信自己可以处理那些不确定性，即使摔倒，你也将义无反顾，恢复如常。斯奈德关于希望的另一半理论就指向了这种自信，他把它称作"动力思维"。

动力思维与自我效能

在斯奈德看来，希望不仅仅是寻找路径的能力，它同时也是通过动力思维激励自己去使用这些路径的能力。斯奈德认为，动力思维是一种对自己掌控力的自信，他这样写道："满怀希望的人会乐于接受'我能做到''没有什么能阻止我'这样的心理对话。"换言之，满怀希望的人，不仅知道他们想要去哪里、如何到达那里，他们还能创造性地克服沿途遇到的困难，并坚信他们有充足的本钱完成整个旅程。因为缺少这种"动力思维"，马克在成年后发现自己的生活残缺不全，这是他小时候希望落空的经历造成的。

社会心理学家阿尔伯特·班杜拉的研究直指这种无法验证的、关于自身掌控能力的信心。他将其称为"被感知的自我效能"。班杜拉认为，自我效能指的是人们在面对影响他们生活的事件时，所产生的认为自己有能力拿出特定水平的表现来应对事件的信念。班杜拉还写道："强烈的自我效能感，可以在许多方面提升人类的成就感和幸福感。"

对自己的能力有高度自信的人，会把困难的任务当作需要克服的挑战，而不是需要规避的威胁，他们会为自己设定具有挑战性的目标，并强烈地执着于这些目标。面对失败，他们会不断努力甚至更加努力。在遭遇失败和挫折后，他们能迅速恢复自己的信心。他们把失败归因于努力不足或缺乏知识和技能，这些都是可以靠自身努力去获取的。面对威胁时，他们相信自己能够控制住局面。

在没有"被感知的自我效能"的情况下，很难想象你仅凭希望去行动。你必须相信自己，相信世界可以由你塑造，你才能前进。

动力思维与自我效能的概念让我想起了另一个词语，和希望被使用的场合类似，只不过这个词语更多时候和布道而非科学讲座联系在一起，那就是"信念"这个词语。信念可以是一种依赖于现实而产生的信心，但归根结底它还是基于信仰而产生的。满怀希望的人是对自己、他人和世界都有信念的人。

信念不像希望，心理学界对它还没有多少研究。这很不幸，因为我相信信念是推动我们实现改变的核心力量。在我看来，如果不是暗藏着一份对自己信念的自信，一个人是不可能怀有充分的希望的——尽管困难重重、前途未卜，却依旧向往美好的事物并朝着它不断前进。

和希望一样，当你抱着信念去行动时，你也承受着风险。如同从高处纵身跃下，当你跳下去时，你的自信可能被证明并不正确甚至完全错误。

关于自我改变的第三法则：信念的驱动力与无能为力的抑制力

如果说希望指的是你对某件你认为很重要但自己没有的东西的渴望，那么信念就是告诉你有能力得到它的讯息。如果你只怀抱希望却没有信念，你将很难前行。我们倾向于认为希望和信念这两个概念可以互换，其实这是不对的。事实上，二者区别很大，尽管它们也构成了彼此的一部分。

这里我要讲一个在私人诊所中碰到的故事，我认为它说明了希望和信念之间的区别，以及此二者是如何错综复杂地交织在一起的。这个故事关于布丽姬特和她的父母，这是一个神奇的三人组，他们拥有一种神奇的能力，这种能力让他们无论面对怎样失望的情况，都依然保持着充分的信心。

布丽姬特 25 岁，聪明且富有创造力。她会设计服装、制作纪录短片，还会和朋友们举办奢华又充满想象力的派对。在被诊断为双相情感障碍后，布丽姬特经历过很长一段时间的急性躁狂，这是双相情感障碍的一种症状，表现为人会陷入极度兴奋和无法抑制的困惑。在躁狂的时候，布丽姬特的行为常常会让她置身于极大的危险之中，比如和陌生人睡觉、酒后驾车长途旅行，她还擅自闯过一个游乐园。在这些躁狂的时间里，她要经常出入精神病院，这使得她无法保住工作或完成大学学业。但最终，布丽姬特得以继续前进，她始终保持着她的创造力，其结果总是令人赞叹。

与我其他许多需要经常出入精神病院的治疗对象不同，布丽姬特并没有把自己身上的精神问题看作是一件很坏的事情。这并不是说她对自己在躁狂时所面临的风险满不在乎。她也会想：请给我一些关于生活的清晰指示。即使是在最疯狂的时候，她仍然认为自己对于现实的感知是真实的。她需要外界帮助来控制自己的情绪，但她也会告诉所有愿意倾听的人，她绝对不会抛弃自己身上的双相情感障碍。

我会定期见到布丽姬特的父母，因为他们要处理她几乎随时存在的危机状态。布丽姬特的父母和她很像。当布丽姬特又进医院的时候，他们似乎从不觉得特别难过，他们总是觉得问题能在第二天解决。当情况变得棘手时，他们会积极寻求解决方案和新的点子。布丽姬特的妈妈有一句口头语——"总会有办法的"。

与我接触过的许多患者父母不同，布丽姬特的父母从不因为我是专业人士就对我言听计从。他们平等地对待我，有时认同我的想法，有时则会指出我在治疗方向上的问题。他们待人友好，和蔼可亲，但绝不在他们认为没有用处的事情上花费时间。

我和这家人接触了三年，在这段时间里，布丽姬特的生活有了很大改善，她回到了大学校园，再也没有进过医院，并继续保持着她的创造性。我知道她将拥有一个非凡的、独特的、激动人心的未来。我甚至有点嫉妒布丽姬特，因为她总是怀着激情和希望去用她的创造力体验生活。

和她父母最后一次见面的时候，我让布丽姬特也加入进来。

在这次会面快结束的时候，我说："我想问一下，是什么让你们坚持下来的？你们始终保持着积极的心态和活力，我对此非常惊讶。"

"是布丽姬特。"她妈妈说，"我知道所有的父母都会这么说，但她真的非常棒。我们只是相信，她一定会没事的。我们了解她，所以我们知道问题一定会解决的。我们始终抱着希望。"

"她非常坚强。"她爸爸说，"我比任何人都更愿用一生信任她，我们很清楚她总能把事情处理好的。"

"哎呀，什么呀！"布丽姬特开口了，她的话给这个房间带来了一丝轻松的气氛，让她父母的赞美显得不那么严肃了，"是这样的，我父母百分之百地相信我。我的有些举动确实把他们吓得够呛，但他们始终相信我会没事的。我想可以这么说：他们对我有着坚定的信念。"

布丽姬特是对的。她的父母对她和她面对风险依然勇往直前的能力怀抱着充分的信念，这种信念让他们对布丽姬特的未来充满希望。可以这么说，若不是布丽姬特的父母对她有着坚定的信念，他们也无法真正相信布丽姬特将渡过难关。

希望和信念最简单的区分方法，就是从这两个词的常用搭配来区分。希望去获得某物意味着希望是一个指向某物的动作，而对某物怀有信念意味着信念本身就存在于这件事物身上。布丽姬特和她的父母认为她有能力在她的生活中达到稳定的精神状态，这是希望，因为当你去希望的时候，你是在希望某件事的发生；布丽姬特的父母无条件信任她的能力，这是信念，当你怀抱信念时，你相信那些你认为正在发生的事情将带领你让你的希望成真。当布丽姬特的妈妈说"总会有办法的"时候，她是在说还有其他可选择的路径可以通往那个他们都想要实现的目标，而且他们正在朝着目标前进；当布丽姬特的爸爸说"我愿用一生信任她"时，他是在陈述他对布丽姬特怀抱的信心，正如布丽姬特对自己怀有的那份信心一样。

每当我想起布丽姬特与她的家人在一起的经历时，我都会心疼马克。布丽姬特有她所需要的一切资源帮助她抬头挺胸，保持自信，可悲的是，马克几乎没有任何资源来这样做。当你像马克一样失去希望时，你就失去了对未来的感觉，也就是失去了方向。当你失去信念时，你将不再信任自己、他人和现有的世界。当你的信念受到伤害时，希望带给你的前进的势头也会减缓或停滞。如果不相信自己有能力到达那个光明的未来，你是无法怀着对未来的希望前行的。

关于信念的直觉信息

对"希望"这一主题进行过演讲的人中，能与丘吉尔比肩的人是马丁·路德·金。在他最著名的演讲中，马丁·路德·金完美地抓住了坚韧的情感与那份怀抱着信念的自信之间的关系。

"我并非没有注意到，参加今天集会的人中，有些受尽苦难和折磨。"在《我有一个梦想》的演讲中，马丁·路德·金这样说道："你们中的有些人刚刚走出窄小的牢房，有些由于寻求自由，曾在居住地惨遭疯狂迫害的打击，并在警察暴行的旋风中摇摇欲坠。你们是人为痛苦的长期受难者。坚持下去吧，要坚决相信，忍受不应得的痛苦是一种赎罪。"

把"不应得的痛苦"转化为"赎罪"，这是最高"指令"。马丁·路德·金恳求人们去做"忍受痛苦"这一极其脆弱的行为，在这恳求的背后是他对人们怀抱信念、放手一搏的指示，他表达出了自己的信念，也表达出自己相信人们能够做到这一切。

信念是一种不需要任何证据做担保的信任，当你对某人说"我相信你"的时候，你是在表达一种基于信念的信心，而你对他们说"你能做到"的时候也是在表达这种信心。用斯奈德的话说，你是在运用动力思维，而用班杜拉的话说，你是在依靠自我效能来行动。

你正朝着你为自己设定的目标攀登，每爬一步，目标的重要性就增加一分，你也愈发感觉自己的生活是如此需要它。你希望自己的努力会成功，这种希望让你坚强。但让希望真正产生作用的是你的信心和信任，你相信自己能一直向上攀登，相信自己即使摔下去也能重新站起来。

那么这种让你安心地追随着希望去翻越山岭的自信受哪些因素影响呢？你从哪里去获取足够的信息，让你觉得成功的机会很大，冒这个险是值得的，就算你失败了你也将安然无恙？自信部分来自可验证的外部事实，比如你已经在生活中实现了许多实实在在的目标，因而你知道自己有足够的能力，而且在你努力实现那些目标的过程中，你发现你周围的环境已经变得足够温和，以致能给你充足的空间去实现新的目标。正如班杜拉提到的那样——有韧性的效能感需要通过克服障碍的经验来获得。当人们相信自己具备成功的条件后，他们就会在逆境中坚持下去，并迅速从挫折中恢复过来。在困难时坚持到底会让他们在逆境过后更强大。换句话说，关于你完成目标的这项能力，你收集到的数据越多，你的效能感就越强，因为你的头脑里充满了你能成功的证据。

事实、数据都是非常重要的东西，它们会大大提升你做决定、采取行动的能力。当然，这还不够，当你朝着一个目标前进时，会依靠其他一些不那么客观、逻辑上不那么通顺的信息来提升自己做决定的信心，这些信息来源于你的感受。即使所有的事实都已经摆在面前，你也倾向于做出某一个决定，但你最终选择做出的那个决定，以及依照选择下一步怎么做，都来自逻辑和情绪的结合。

试想一下关于自己未来的决定：你想去哪所大学？做什么

样的工作？和谁结婚？准备买哪个位置的房子？你可能已经思考过所有选项的优缺点了，甚至可能列表做比较，但是当你最终做出决定的那一刻，你不是依然在凭感觉吗？无论你是对某个选项产生了兴奋、渴望、期待、想要拥有等积极情绪，还是对另一个选项怀有恐惧、焦虑、厌恶等消极情绪，难道不正是这些情绪的力量驱使你直面最终的决定吗？这就是所谓的情绪信息理论，这是一种社会心理学理论。这一理论认为，当我们考虑下一步行动时，我们会把情绪视作重要信息。

情绪即信息，关于情绪信息理论的研究表明，情绪有助于你制定更有创造性、更灵活的计划（情商的产物），区分事物的好坏，在面对重要事件时，情绪还能帮你决定应采取的态度以及应对速度的快慢。换句话说，当我们做决定时，我们的许多行为都是凭借直觉做出的。正如神经学家安东尼奥·达马西奥在他的研究中所描述的那样，我们做决定时会依靠躯体标记，比如心跳加快、手心出汗、胃里翻江倒海，这些身体感受都与情绪有关。对躯体标记的研究表明，相比于无法获得这些躯体标记的人（例如那些脑损伤的受试者），依赖标记的人能更快地做出决定，而且他们的决定往往更有可能导向积极的结果。事实上，那些大脑情感中枢（如杏仁体）受到损害的人，在没有找到最终的解决办法之前，会想出无数理由来解释为什么他们应该或不应该采取某种行动。

那么，是什么让情感成为我们做决定时一个特别重要的信息来源，使我们不像瓦肯人那样纯粹依赖逻辑？情绪信息理论学者柯罗尔和科尔康布认为，来自感觉的信息是令人信服的，因为它从我们内心自发产生而被我们感受。由于我们会把自己看成格外可靠的信息源，因此这种来自心底的信息就具有了特殊的效力。

这是一个很好的见解，但情况不一定总是如此。我们首先必须把自己看成是一个可靠的人，也就是说要对"自己情绪的源头是可靠的"这点抱有信念，这样我们才会相信情绪里包含着重要信息。

肯特·哈珀的研究（以及我对合作对象的研究，我将在稍后讨论）同样为我们指出了这一点。他的研究表明，与自我价值感较高的人相比，自我价值感较低的人在做决定时会较少使用到情绪。哈珀完全同意情绪信息理论学派的观点，即当人们把他们的情绪作为可依赖的信号时，他们能更快、更好地做出决定。但人们首先要信任和尊重这些信号的来源，也就是他们自己。换言之，你只有首先对自己有信心，才能对自己的情绪有信心，然后你才会利用这些情绪做出决定并付诸行动。

我们对决定审慎思考的过程很像读报纸。你读到一些陈述事实的信息，你认为这些信息描述的就是事实，因为你觉得报纸很靠谱。如果某个人不喜欢这些文章中提到的事实，也不想费力去对这些事实展开调查，他们可能会试图告诉你，这份报纸是不靠谱的，甚至可能会说这是假新闻。如果你不再信任一份报纸，你也就不会再信任它上面刊载的文章。一个信息传播渠道的名声要是败坏了，它传递的信息就变得不可信了。

现在让我们回过头来讨论到那些重要的决定——工作、婚姻、房子。根据哈珀的理论，你不单单是在凭强烈的情绪做决定，你之所以依赖情绪是因为你相信它们，你对它们抱有信念，而这很可能是因为你对自己也抱有信念。再想想其他一些你没能做出最终决定的情况，在这种情况里，你可能有同样多的积极情绪、同样少的消极情绪，或者相反。但是你不觉得自己可以依靠直觉做出决定，因为你不相信你自己。

当我们想要改变或开始改变的时候，这套法则同样适用。你有一些可靠的事实来支持你认为正确的选择，但最终，你会依赖于你对这个决定的感觉，这种对感觉的依赖源于你对自己的信念。你还需要对你周围的世界抱有信念，相信它会让你朝着你想去的方向前进。没有了对自己和世界的信念，你会觉得数据不充分，并把采取行动所需的情感看作是假新闻，一个不靠谱的信息源。

让我们再来看看布丽姬特和她父母的案例，以便把情绪与信念这块儿讲得更清楚些。在我的职业生涯中，曾遇到过数百个像布丽姬特这样的案例，他们在躁狂和随之而来的抑郁中挣扎。他们都很聪明，许多人和布丽姬特一样富有创造力，并以创造性的、随心所欲的方式对待生活。和许多人一样，我相信躁狂与天才和创造力之间存在某种联系。历史上许多著名的领袖和富有创造力的人，比如文森特·凡·高、弗吉尼亚·伍尔芙、温斯顿·丘吉尔、费雯·丽、巴兹·奥尔德林、欧内斯特·海明威、格雷厄姆·格林、卢·里德等，他们都被诊断患有双相情感障碍（请注意，他们很多坐在摇椅上）。然而，我也看到这种情绪波动带来的极其痛苦的后果——对自己的情绪失去信心。我现在开心吗，还是说这是躁狂来临的前兆？我是因为爱人跟我告别才难过，还是说我正在滑向抑郁的深渊？如果是这样的话，我的情绪会再次把我带向危险和风险吗？

在我看来，一个对自己情绪失去信心的人，往往也会导致自己无法发挥才能。布丽姬特的父母对她的信念以及她对自己抱有的坚定信念保护了她，避免让她受到情绪波动可能造成的创伤，因为父母和她自己的信念传递出这样一种信息：不管情绪把她带往哪里，她都能处理好，而且她能信任自己的情绪。就像布丽姬特对我说的那样，情绪"清晰地传递给我生活的讯息"，而且"总是正中现实的靶心"。这话可能有点极端，但却很准确。

这种与情绪之间的关系，马克是绝对不会说的。马克学会不去相信那些关于随性和快乐的重要、积极、原始的情绪，因为在他的经历中，这些情绪经常背叛他，当他依靠这些情绪行事时，带给他的总是惩罚。这种对情绪的不信任使他对情绪的来源，也就是他对自己缺乏信心，而这正是使他总是陷入困境的根源。马克认为积极的情绪会导致不好的结果，这使得他严格地限制了自己的成长，并常常觉得自己支离破碎。他无法在生活中追随自己的内心世界，因为他的家庭教育告诉他，追随内心世界意味着误入歧途和陷入痛苦。

哈珀的观点中存在着这样一个逻辑顺序：你不相信自己会导致你不相信自己的情绪，进而导致你在做决定和行动的过程中困难重重。在我看来，对信念的伤害则是倒过来的：你做了一个决定，并根据这个决定采取行动，结果不好的事情发生了，你会认为是你的情绪，也就是这条来自你内在的信息，让你走上了失望之路。从那之后，你会对自己丧失信念。

让我们重新审视一下马克随着唱机快乐起舞并从中感受到乐趣的故事，是如何证实这个论点的。马克用这段往事作为隐喻，以此来描述他家庭中反复出现的互动模式及其造成的影响。它全面地描绘出自我改变的"力场"中的所有元素之间是如何相互作用的，并描述出失望是如何使人们对自己失去信念的。

当马克跳舞的时候，他是在依据情绪传递给他的信息行动。这需要有强大的信念，因为他此前收集的大量数据表明，如果他真的让自己的情绪来引导自己，事情是不会有好结果的。所以，在那一刻，他对自己这个"信息源"怀抱着极大的信念。他内心的某个部分一定知道跳舞的危险，也知道如果他尽情地表达他在这个世界上拥有完全的自主权，即他有独自随着音乐自发地、欢快地跳舞的权利，他可能会面临一场灾难。但他希望在这无趣的生活中得到一分钟的快乐，他对快乐怀抱的希望，超过了他对可能受到的惩罚的担忧。因为满怀希望，就在那一刻，马克觉得跳舞是正确的，比他通常拒绝自己自主权的行为要正确。

这里我要再次强调，如果马克不相信他的情绪中包含着来自他可以信任的人（即他自己）的有效信息，他是不可能追随希望行事的。他的每一个动作，每一个依据他那可靠的消息源做出的行动，都是在攀登那座期待之山，他爬得越高，他在失望的深渊中跌得也就越深。他父亲对他严厉的责备把他从山上推了下去。当他因跌落而感到深深的失望时，他得到了极其有害的教训：最好不要相信那些发出情感信号的人（也就是说他自己）；做一个自主的、听从自己内心的、充满希望的、对自己怀抱信念的人是危险的。他明白了待在原地比跳舞安全。动物们为了躲避危险，也会僵硬地待在原地，这叫强制静止。对马克来说也是如此，呆立不动是他躲避危险的方式。

罗纳德·大卫·莱因是一个重要的、充满争议的精神病学家，他把马克这种呆立不动的行为称作"僵化"。在莱因看来，僵化是巨大的不安全感引发的后果，它是一条通用的法则，这条法则认为在某一时刻，那些最可怕的危险可以被包裹住，从而避免它们真的发生。因此，一个人会放弃自主性以悄悄保护他的自主性，"装死"也是一种活下去的手段。

僵化对你来说，是不是和维持现状很像？它们确实很像。

僵化与维持现状

莱因描述的这种僵化可以一直追溯到婴儿时期，而且我相信，僵化与婴儿对获取食物与温暖怀抱的希望以及其因为没有食物而产生的恐惧密不可分。每当婴儿哭闹时，他们都是在依靠自己的直觉（比如饥饿的感觉、对温暖的需求）做出反应。他们同样是在希望的基础上行事的，对需要的东西发出呼唤，并因得不到而痛苦地呼喊。当心理学家第一次研究婴儿与家长（当时只研究了母亲）之间的亲密关系时，他们给婴儿因需求经常得不到满足而产生的抑郁症取了一个名字：依赖性抑郁症。在英文中，依赖一词的意思是从看护者那里获得营养（这个词包含着一个意为倾斜的希腊语词根，有向我倾斜的意思，也就是依靠）。患有依赖性抑郁症的人的一个表现，就是特别容易听天由命。

有些婴儿的父母经常不在身边，有些婴儿虽然衣食无忧、健康也有保障，但却缺乏和父母情感的联系，他们看起来都很难过。20 世纪 40 年代末，心理学家勒内·斯皮茨造访了一个弃婴之家，这是一所专门为父母入狱或因其他原因无人照顾的婴儿设立的孤儿院。工作人员很有责任心，也很尽责，但他们无法给每个婴儿提供他们所需要的情感回应。斯皮茨当时拍摄的照片和录像，即使放到今天看也依然令人震撼。许多婴儿表现出了难以抚慰的悲伤，他们以一种类似成人面对悲伤时的反应哭泣着。更糟糕的是，他们还展现出一种听天由命的萎靡。通常，如果婴儿的情感需求无法满足，希望与他人获得联系又无法实现，他们的身体生长也会受到抑制，这种情况叫剥夺性发育迟缓，这还有可能导致他们生病，甚至导致更悲惨的死亡。

其他关于依恋类型的研究以一种不那么可怕但仍然引人注目的方式揭示，如果一个婴儿希望与他人建立联系（这种希望可能并非通过语言来传达）却没有得到可靠的满足，他们身上会发生什么。事实上，你可以直观地看到那些被剥夺了温暖和营养的婴儿在行为中表现出的放弃——非常令人难过。当他们的父母进入房间时，他们会远离他们的父母，并经常拒绝他们情感上的哺育（这种也被称作"回避型依恋"）。在某些严重的情况下，这些婴儿变得完全听之任之，几乎动也不动，对任何事情都没有反应。当这一切发生时，这些婴儿就会被认定为"发育迟缓"。

这些遭受着"剥夺性发育迟缓"的孩童有着令人痛心的经历。尽管你在自我改变中经历的失望很难与这些孩童的创伤相提并论，但你们依然存在着一些相似的地方。当你希望得到某件事物时，需要冒一定的风险，需要依靠你的信念去行动，并且有可能最终发现无法得到你认为自己需要的那样东西。当你冒着风险去寻求帮助，试图让自己的需求得到满足，但事情并没有像你希望的那样发展时，你也会倾向于采取一种类似于依赖和逃避的态度：维持现状，止步不前。为了避免失望的痛苦，你背离了信念对你的哺育，你呆立原地。

　　比如说你想找个伴侣。距离那次糟糕的分手已经有一年了，这期间你一直不敢尝试再恋爱。但最终你还是在约会网站上注册，并遇见了一个很有趣的人。你和这个人进行了第一次约会，回到家后，一想到你俩可能有戏，你就很兴奋。你觉得这个人就是你命中注定的另一半，直觉这样告诉你。你让自己满怀希望，让热情迸发出来，想象着各种浪漫的场景。而在那之后，这个人再也没有接过你的电话或是回过你的信息。如果你一开始就不相信自己的情绪，你也不会把这个人看成一个想要得到和需要得到的人。既然你已经把这个人看得很重要了，这段关系的无疾而终将会让你对伴侣的渴望更加强烈和迫切。这是为什么呢？你扪心自问，为什么要让情绪控制自己？

　　尽管你只尝试了一次，你还是会禁不住怀疑自己是否有能力找到另一半，但你还是会继续尝试。下次，你又在网上遇到了一个有可能发展成情侣的人，直觉告诉你这就是你命中的另一半。但同时，你也会告诫自己：慢慢来，不要一下子投入得太满。你和这个人约会了几次，但由于你对情绪传递给你的信息缺乏信心，担心再次经历那种可怕的失望感，你始终显得谨慎而冷漠。事实上，每当你对这个新对象感到有点兴奋的时候，你就会回避你的情绪。上一次，你让情绪牵着鼻子走，这次不会了。

　　你原本张开的希望之手，现在握成了拳头。而且由于你表现得比较谨慎，你的约会对象也比较谨慎，你感觉你们之间的关系似乎毫无进展。于是你觉得你们并不合拍，决定放弃这段关系。然而，一旦你和这个人分手了，你又会用最开始的眼光打量这个对象，直觉告诉自己你们是天生一对。你觉得你们可能真的很合适，于是你发短信告诉对方想再试一次，但对方表示已经把这段感情放下了。你想：我怎么就没有听从我的直觉呢？

现在，你对自己很失望并开始质疑情绪传递给你的信号会把你带向怎样的结果。你开始失去了对自己怀抱的信念，怀疑自己是不是不善于承诺。你也会对这个世界失去信念，怀疑这个世界是否真的可以给你提供更多选择，是否真的有人能引起你的兴趣和感情。你对前任曾有过强烈的感情，如果真的只有这一个人是和我匹配的怎么办？当你下次再登录约会网站并找到合适的对象时，你会立刻合上你的笔记本电脑。你不想再跟着感觉走了，因为它们会唤起你的希望，让你憧憬着会有一个人让你的生命完整；如果最后事情又以失望告终，你可能会感到更失落。在约会这件事上，你从此裹足不前。

在这个例子中，你只是对约会产生了僵化，而不是像马克那样对生活僵化。你不会就此蜷缩在床上，不愿去面对生活中的各种风险，变得听天由命。然而，这种僵化确实让你在约会这一特定的关于自我改变的"力场"中变得止步不前。

虽然你在生活的许多领域都可以满怀热情地向前迈进，但在某些领域你可能会像负鼠一样"装死"（负鼠在逃跑时会装死，以躲避捕食者的追踪），因为你无法忍受那种对自己需要的东西充满希望，却最终无法得到的感觉。

现在花几分钟列出所有你正在做的事情中，你觉得为了让自己变得更好应该去改善而且自己也希望改善的事情：你强烈感到生活中缺失的东西。如果我让你标记出你在哪些事情上选择了像负鼠一样装死，我赌你能很快找出来。瑜伽：不用标记；健康饮食：标记；多给妈妈打电话：不用标记；为升职而努力工作：不用标记；重新开始打壁球：标记。每一个被标记的地方都代表着这里存在僵化，这意味着你对自己信念产生的纠结感超过了希望赐予你的力量，削弱了让你前进的驱动力。

这种信念的丧失也会使你在前进过程中的抑制力增强，你清楚人生在世要面对怎样的责任和孤独，这让你焦虑。而当你对自己和这个世界失去信念时，你将无法忍受这种焦虑。

失去信念与无能为力：失望的伤疤

那根令人振奋的、具有挑战性的动能的"紫色蜡笔"已经赐予了你；你拥有决定和选择的能力。这个能力为你提供机遇，也让你焦虑。焦虑是因为这种做决定的能力会让你意识到，你在做决定时是独自一人的，你要对这些决定的结果负责，而结果很重要，因为你的生命是有限的。

这种孤独和责任的双重焦虑，会在你下定决心的那一刻变得尤其明显。你可以寻找办法不做决定，从而抑制这种焦虑。自我改变是一个决定，而且是一个特别重要的决定，因为你面临的是一个关于改变你自己的选择。这种决定会进一步暴露出你肩负的责任。那么，如果你开始怀疑那根动能的"紫色蜡笔"不可靠，或者更糟，觉得它有缺陷，你会怎么做呢？当这种情况发生时，你会觉得自己对生活负有责任，但又缺乏承担责任的资本。这会是一种什么感觉呢？生存的责任感和信念的缺失，这道算术题的答案会是什么？

在如何让需求得到满足这件事上，你会感觉无能为力。我认为正是这种无能为力的感觉束缚了马克，将他困在一种无法满足自己基本需求的缺陷中，还让他觉得自己没有能力去满足自己这些需求。而且，虽然婴儿不会像成人那样意识到自己面对的责任和死亡，但我认为，在满足他们需求方面的这种极端无能为力的感觉，是他们依赖性和回避性行为的根源。同样，正是这种无能为力的感觉使那些想要约会的人选择了放弃，他们最初的失望让他们变得谨慎，而这种谨慎浇灭了点燃一段新恋情所需的火花。就这样，无能为力成了一个自我应验的预言。

你承担着驾驭生活的责任，这已经够让人焦虑了。而无能为力这种对动力思维和自我效能感的削弱则告诉你，即使你能够鼓起勇气承担这一责任，你仍将陷入永无止境的迷茫。无论你是把自己视作一艘漏水的、无法在沉没前到达目的地的破船，还是把自己视作一个正在靠近让人万劫不复的漩涡的水手，或两者兼而有之，我认为无能为力传达出这样一条信息：你不可能得到你应该得到的。这种体验令人无法忍受，婴儿的尖叫就表达了这种难以形容的痛苦。它强化了你的存在焦虑，因为你是在告诉自己，即使你想写，也写不出自己的人生。在这种情况下，"自欺"就变得很有吸引力了。"告诉我该怎么做！"你的大脑向世界发出恳求，因为你不再相信自己能够掌控并引导你的人生之船。

英国广播公司播出的电视剧《伦敦生活》中，有一幕很好地描绘了无能为力这种感觉。剧中的女主角总是犯错，经常对自己和他人的行为感到失望，但她依然继续前进，昂首挺胸，始终不改勇敢的本色。她一直努力做自己，拒绝僵化（在这方面，女主角确实是个英雄，我认为这部剧描述了一种存在主义勇气）。然而，想要停止这一切并让自己陷入自欺的诱惑总是存在。剧中有这样一幕，女主角在经历了一系列痛苦的失望后想要妥协，她像生活没有了选择一样活着。她向一个关系很好的牧师忏悔（在她走向堕落的过程中，她曾想和他在一起）。牧师问她希望从生活中得到什么。

她答："我希望有个人早上告诉我应该穿什么，我希望有个人每天早上告诉我该穿什么，我希望有个人告诉我该吃什么、该喜欢什么、该讨厌什么、该对什么发怒、该听什么、该喜欢什么乐队、该买什么票、该开什么玩笑、不该开什么玩笑。我希望有人告诉我该相信什么、该给谁投票、该爱谁，以及该如何告诉他们。我只是希望能有个人告诉我怎样过我的生活，因为到目前为止，我认为自己一直都做错了。我知道人们为什么希望像您这样的人出现在他们的生活里，因为您会告诉他们如何去做。您只是告诉他们该做什么，最后会得到什么结果，即使您的话我一个字都不信，因为我知道从科学的角度讲，我做的任何事最终都不会有什么不同，但我还是很害怕。我为什么会害怕？"

真精彩，简直完美。事实就是，当你因为生活中的失望而不再信任自己的动能时，你对自己的责任和孤独会更加恐惧。这两样我们试图避免的东西会在这时重新被想起，自我改变会不可避免地让我们想起。于是像负鼠一样装死的这个选项就出现了。这种行为可以保护你，让你不必意识到你背负的孤独与责任，也不必再觉得自己是通向目的地的道路上一个不可靠的引航员。于是，你开始从外部寻求答案。倒不是因为外部真的有那些答案，而是因为你再也无法忍受"所有关于生存的答案都握在你自己手里"这一想法。

把自己看作是无能为力的，认为自己太过支离破碎以至于无法走上那条你必须独自承担责任的道路，这实在令人难以忍受。当你处于这种状态，时刻担心会有什么信息证明你可能无法真正掌控自己的生活时，有一样东西可能会威胁着要引诱你从僵化的状态中走出来，走上那条令人恐惧的道路——希望。

当你对自己失去信心、对世界失去信心时，你会把希望视作最大的威胁，因为它诱使你产生期待，你害怕自己无法实现这些期待；如果你没有实现，你会感觉自己一败涂地。

希望的恐惧

现在让我们来回忆一下希望复杂的内在逻辑。希望会让你先确定一个重要的目标，为实现这个目标画出路线图，并且对自己成功实现目标的能力充满信心。如果你缺乏动力会怎么样？当你知道自己想要什么，也知道如何实现这个目标，却对自己内在的动力缺乏信念时会怎么样？如果你对自己的效能缺乏信念——你相信自己有能力完成这一切，就算失败了你也能爬起来——你是无法前进的。

没有信念的希望会让你感觉很糟糕、很烦躁。你把某样东西看得很重，你发现自己缺少它，但你却不相信自己有能力得到它，也不相信自己在被失败淹没时有能力造出一艘足够坚固的船让你浮上来。你和哈罗德一样非常想回家，但你却害怕画出自己下一步要走的路。

请你想一个你希望现在就能做出的改变，可以是一个小的简单的改变，也可以是一个很复杂的改变，这都无所谓。是什么阻碍了你没能现在就做出这个改变呢？"我失败过无数次，这次也不会例外的"或者是"我不想再体会失败的糟糕滋味了"。

这就是缺乏信念的表现，它侵蚀着你，因为你对自己面前的事情充满希望，它在你眼中变得很重要。于是，你内心的一部分试图通过贬低你所追求的事物来扼杀你的希望，"这件事也不是很重要，我可以再等等，我的生活里还有其他更重要的事情要做"。

这时，你和希望之间的关系出现了矛盾。希望让你向自己想要的事物进发，而当你朝着它前进时，你也面临着这样一个焦虑：你只能靠自己。当你不相信自己可以得到想要的东西或是不相信自己能从失败中恢复过来，那么希望就变成了可怕的东西。它让你感到害怕，因为它会把期待变为失望和沮丧，也会让你对自己和世界都失去信心。

在这种情况下，希望这种推动你向目标前进、并在前进道路上不断挑战着你信心的情绪，此时看起来很危险，它变成了一个诱饵，似乎在引诱你走上一条注定会失败的道路。由于对自己怀抱的希望缺乏信心，害怕接下来的道路，你把希望拒之门外，而它本来是可以引领你、激励你前进的。我把这种狭隘的、防御性的态度称为"希望的恐惧"。

关于希望与恐惧的研究

我与罗格斯大学纽瓦克分校的同事们一起开展了一个关于"希望与恐惧"的研究。我们研发出了一套可靠而简单的量化方法（总共 6 个测试项），并把它称为"希望恐惧测量表"。这张测量表能让我们看到被试者是否有"希望的恐惧"以及他们的"恐惧"处于什么程度。在整本书中，我还将对"希望与恐惧"的研究做更多阐述。但我现在想说的是，对希望的恐惧会强化存在焦虑产生的抑制力，因为它会让你担心自己无法实现要实现的目标。对希望的恐惧还会破坏你从自我改变中汲取能量的能力，从而削弱你的驱动力。无论你面临的是哪种情况，无论你是像马克那样遭遇过令人崩溃的挫折，还是遭遇了不那么具有毁灭性的打击，我相信，当你面临自我的改变时，你实现目标的能力在很大程度上将取决于你对希望的恐惧程度。

在下一章中，你将会读到怀抱希望和恐惧希望之间那令人惊讶的、艰难的、复杂的关系，以及信念是如何影响你继续前进的。

第四章

希望与恐惧

———————— · ————————

一个不断要求"出人头地"的人，应该想到自己总有一天会感到眩晕。眩晕是怎么回事？是害怕摔下去吗？不，眩晕并不是害怕摔下来，它是我们身下那片空虚里发出的声音，它在诱惑我们，那是往下跳的渴望，我们往往为之而后怕并拼命去抗拒这种渴望。

——米兰·昆德拉

玛丽和"勿抱希望"之墙

2006年，玛丽35岁。几年前，玛丽被诊断患有难以治愈的重度抑郁症，并且伴有焦虑症。她看过几位心理医生，后来找到了我。玛丽和母亲生活在一起，朋友很少，在一家软件公司担任销售员，大部时间都在四处奔波。她曾经几度试图自杀，去年一年里，更是几次被心理治疗师送进了精神病院。

玛丽给我讲述了她的故事。她的生活并不是一直像现在这样。事实上，她曾经也是个动力十足的人，怀揣希望，朝着目标勇敢向前。她曾勇于直面，甚至欣赏，掌控自己生活所承担的责任带给她的潜在的限制经历。1994 年是她高中生活的最后一年，她已经是州里响当当的足球球员，而且学习成绩名列前茅。她精力充沛，人缘又好，在球队里有很多好朋友。

玛丽的足球教练总是告诫队员们：要么大胆踢，要么滚回家。跟队友们一样，玛丽对这话有些发怵。但她心里明白教练的意思。生活就是要全力以赴，挑战极限，敢于冒险。在课堂上，玛丽对问题总能提出独特的解决方法，这些方法有时有点古怪，但总能体现出她对事情与众不同的看法。玛丽的方法得到了老师们的认可，他们不止一次夸她聪明。在足球场上，她以左侧铲球精准而闻名。铲球是足球运动中的一个危险动作，稍有不慎可能会导致双方球员受伤或是让自己犯规。对玛丽来说，勇敢几乎等于成功。她从未真正体验过因为胆大而失利的经历。

玛丽后来遭遇了一连串的挫折，事情就是从高中最后一年开始的，她患上了严重的单核细胞增多症，这意味着她在秋季学期开学的时候不能上场踢球。后来，她不顾医生的建议，在当地一个公园里偷偷练习足球动作，导致脾脏破裂。她躺在草地上，意识到自己正痛苦地体验着冒险带来的恶果。她感到一丝绝望，因为她知道自己整整一年都要离开球场了。

玛丽有生以来第一次体会到，作为一名旁观者，而不是受关注的对象，那是一种什么感受。比赛的时候，她坐在替补席上，内心充满绝望，她隐约觉得事情发展可能对自己不利。她感到一种从未体验过的无助，回想自己在公园里的行为，心中更是充满怒火。但她也明白必须不断推动自己向前。大学入学考试即将到来，既然足球不再能帮她提高申请分数，那么保持好平均学分绩点就变得尤为重要了，现在不是沉浸在这些不悦情绪中的时候。玛丽的动力使她回到了眼前的学习任务上来。

春天来了，随之而来的是大多数顶尖大学的拒绝信。在玛丽心里，事情发展可能对自己不利的那种感觉和对自己的懊恼愈加强烈，使她原本充实快乐的生活笼罩上一层乌云。然而，玛丽仍然抱着希望，期待能收到一封信——加利福尼亚州一所比较好的大学还没有给她回信。她每天都在期盼收到他们的回信，希望自己还有一丝机会。最终，它来了，装在一个又大又厚的录取信封里交到了玛丽手上。

第二年秋天，玛丽满怀热情地走进了大学。她在没有大学足球教练推荐的情况下，能够申请上一所顶尖学校，也算躲过了一次可能遭受的人生重创，她将好好利用这份恩赐。玛丽喜欢宿舍生活，也喜欢大学的课程以及它们带来的挑战。

玛丽特别喜欢运动心理学的课程，尤其是对团队合作方面的研究和文献颇为着迷。上这门课的教授在这一特殊研究领域名气很大，且是系主任，对学生关怀备至、和蔼可亲。然而，在玛丽看来，教授似乎对她的表现很感兴趣，称赞她的想法有创新性、创造力，而且发人深省。学期结束的时候，教授把玛丽拉到一边，问她是否愿意加入他的实验室当助手。玛丽听了目瞪口呆。这个职位通常由研究生担任，偶尔也会由大四学生担任。她对未来的希望从未如此之高。玛丽憧憬着把运动心理学作为自己的专业，这个重要的决定将推动她走向充实而有意义的生活。她感觉这事像打入制胜球那样令人无法抗拒。

但在实验室的一个夜晚改变了这一切。玛丽一个人工作到很晚，教授走到门口停下跟她道晚安。他问玛丽在忙什么，玛丽在回答的时候，他走过来看了看，坐在玛丽旁边。他开始提问题，提建议，看起来对玛丽的见解既惊讶又兴奋。当他们热切地谈论有关数据时，教授把一只手放到了玛丽的膝上。玛丽吃了一惊，把他推开了。教授很快站了起来，略显尴尬地说自己还有约，然后就离开了。

玛丽不知道该把这件事告诉谁。她感到很尴尬，也不明白这是什么意思。她感到自己被困住了，不知道该怎么办。玛丽辞去了实验室的工作，给教授留了一张便条，还有一个装有未完成工作的信封。在玛丽心里，她知道教授地位显赫，此时自己正处在一个十字路口。她不敢把发生的事情说出去，也无法想象再和教授一起工作的情景。她要么需要换掉运动心理学这门辅修专业，要么需要转到另一所学院。玛丽和她的导师见了面，然后选择放弃辅修，专注于临床心理学的一般领域。

那天晚上，玛丽躺在床上辗转反侧，悲叹自己的未来。没有什么看起来是可靠的；她再也看不清通向成功的道路。她怀疑自己是否有能力掌控自己的人生，并让这种能力继续发挥作用。她感到焦虑不安，曾经她为自己能够掌握自己的人生并且勇敢向前感到骄傲，现在她却充满了不安全感。她逐渐看清那种无能为力的向下的力量。

暑假回到家，玛丽一直在思考如何更好地为下学期做准备。她有些自责，觉得不该对教授的示好做出如此剧烈的反应。她认为生活不会因为某个混蛋而结束。这并不是说曝光教授会让自己感到舒服，或者她可以恢复原来的辅修课程。但大学是用来探索的，她还是能很快进入熟悉的领域。此外，她认为自己一定能在研究生院获得运动心理学学位，玛丽对下学期又感到兴奋了。她要去尝试新鲜事物，走出自己的舒适区。她所要做的就是避开运动心理学实验室所在的大楼，这样就没事了，她的动力又回来了。

然而，玛丽学术探索的目标没有真正实现。她对所学的课程感到厌倦，把每一次挑战都当成一种负担，在学术上的一切努力不过就是死记硬背。她的好奇心和想象力曾经坚定而强大，现在却被扼杀了。每次开始构思有趣的答案时，她都感觉有一道屏障，好像这样的答案不值得冒险尝试。

玛丽在精神病理学这门课程得了 C，其余的课程得了 B。她不知道为什么会这样，觉得自己很可笑。寒假期间，玛丽对她的学术探索计划进行了评估。她意识到自己需要重新振作起来，把心理学课程填满课程表，要带着一种全新的使命感进入第二学期。

玛丽开始对心理学感到厌烦，她意识到自己并不适合这门课，她喜欢团队合作和伙伴情谊，那些才是她的兴趣所在。她在脾脏破裂时对自己的那种愤怒变得更加强烈。她满脑子都是关于她管理生活的能力的问题：我自己在做什么？我为什么不能振作起来？

玛丽预感自己会感到迷失和孤立，但她也感受到了一种新的东西，一种无法让人对未来感到兴奋的无力感。她害怕面前道路通往的方向，根本不想去面对。她感觉自己放慢了速度，小心翼翼克制自己远离那个曾经使她的生活充满活力的自我，那个对一切自发充满好奇心的自我。后来，她在一次聚会上遇到了迈克。

迈克是一名大四学生，在高中时打过棒球。他风趣幽默，而且很喜欢玛丽。身为优等生的迈克在玛丽身上看到了同样的特质，他喜欢玛丽对世界独特而睿智的看法。迈克对她的兴趣就像火花一样，点燃了玛丽曾经的天赋。当迈克为她看待世界的方式感到高兴时，玛丽对事物的古怪看法又出现了，于是她把这种独特的世界观应用到课程学习中。玛丽重新对生活产生了兴奋感，再一次感到充满活力的可能性。她不仅对学校和未来的事业充满了美好的期待，而且开始憧憬她和迈克在一起的生活。

迈克主修商科。当他听到玛丽犹豫学习心理学是否真的符合她的兴趣时,他建议玛丽去修一下商务课,也许她可以把对团队合作的兴趣用在商务中。玛丽报名参加了秋季学期的组织行为学课程,她喜欢那门课,并且学得很好。玛丽的头脑又开始活跃起来,她提出的想法和见解令全班同学兴奋不已,她俨然成为班里的明星,这就是她想要做的。玛丽现在换专业还不算太晚,上几节暑期班,再上一堆商务课就可以了。在这紧要关头,玛丽在迈克的帮助下,及时回到了正轨生活。

玛丽在那年的暑假没有回家,她待在自己的公寓里,有时去上课,有时和迈克一起出去玩儿,对她来说,那是一段美好的时光。秋天的时候,迈克将前往东京,在一家公司的总部实习,那是他梦寐以求的。这对小情侣对他们的关系很放心,而且他们只会分开几个月。此外,玛丽如果要完成自己的专业,那她真的需要集中精力了。

玛丽已经准备好迎接挑战,采取行动为进入大学三年级生活做准备。那年10月,玛丽接到母亲电话,所谈内容让她担忧,因为父亲的心脏病发作了。玛丽不顾母亲"留在学校继续学习"的要求,在完成要写的论文之后,买了回家的机票。

玛丽乘坐的飞机着陆后,她查看手机上的信息,发现有一条来自母亲:玛丽,请尽快给我回电话。玛丽立刻给母亲打电话,玛丽的母亲说:"亲爱的,你爸爸昨晚去世了,手术出了问题。"这个消息犹如晴天霹雳,玛丽当时怔住了。

她下飞机后冲出机场，拦了一辆出租车就朝家里奔去。

玛丽在父亲葬礼后在家待了两个星期，但是她跟不上课程的进度，也无法集中精神，理解不了那些学习材料，她觉得唯一的选择就是休学一个学期。可想而知，接下来的几个月对玛丽来说是痛苦和孤独的。玛丽在这里已经没有朋友，迈克的工作很忙，很难联系上，而且他在另一个时区。

玛丽的日子过得不怎么好。她大部分时间是看杂志或看电视，偶尔遛遛狗，晚上和妈妈一起吃饭。3 个月后，她将回到学校，与迈克重新团聚。这是一段糟糕的时期，但她知道自己会在某个时候恢复正常生活。

有一天，玛丽在去杂货店买东西的时候，遇到了高中时的旧相识丹。丹听说了玛丽父亲过世的消息，拥抱了玛丽，并向玛丽表示了慰问和支持。高中时，丹是男子足球队的三流球员，比玛丽大两岁。他记得玛丽，也记得当年玛丽以踢球勇猛著称。他们交换电话号码的时候，丹告诉玛丽："玛丽，你是一个传奇，在你高一的时候就是了。"

丹在当地一家软件开发公司工作，该公司有自己的室内足球队。有一天，丹打电话给玛丽，问她是否愿意参加。玛丽接受了邀请，丹和他的同事们让她悄悄装成队里的一员进入了球场。再次踢球，玛丽高兴极了，仿佛成了一个明星。她成功地展示了自己的球技，增强了信心，让她对未来充满了希望。玛丽想：等我回到学校，就可以踢校内足球赛了。这将是医治我的良药。

到了 12 月下旬，玛丽感觉自己已经准备好重返校园了。她对生活中更多的目标和安排充满期待。想到要和迈克一起生活，她就兴奋不已。当她为两个人租好新公寓后，她体会到一种新奇的感觉，那是跟伴侣住在一起的成年人的感觉。一天晚上，迈克打电话给玛丽，告诉了她一些事情。

"玛丽，我知道现在已经太晚了，但发生了一些意料之外的事情。公司给了我一个行政主管的职位，要我去纽约。"

"那公寓怎么办？"玛丽哭了，"我和你呢？我们之前计划好的。"他们一直争论到深夜。玛丽崩溃了。她为自己这么长时间都没有回去上学而自责不已，她一遍又一遍地想，如果当初选择了另一条路，会是什么样子。第二天早上，当她醒来之后，她觉得未来似乎很难把握，她再次感到自己在机场时感到的那种强烈的孤独感。

迈克搬到了纽约，玛丽则决定给自己多放几天假，她在妈妈家安顿下来，要重新振作起来。她担心自己的情绪不稳定，害怕会更加难过，所以经常和丹在一起。随着相处时间的增多，她和丹相爱了。丹在自己公司帮玛丽里找到了一份工作，虽然不过是录入数据而已，但这让她有事可做，还能赚点小钱。

玛丽打算秋天返回学校，而丹打算和她一起去，他相信自己能在加州找到一份工作。玛丽总是把重返校园所需的准备工作晾在一边，比如重新注册和找地方住。每当她把回学校的时间一拖再拖，她都会质疑自己，仔细思考由于自己的决定而失去的很多机会。这种想法折磨着她，让她更加深入挖掘自己的过去，"为什么不站出来面对那位教授？这样，我现在就能继续读运动心理学的学位了"或是"如果我能早点返回学校完成学业，把学位拿到手，我的生活将会跟现在大不一样"，又或是"如果我没有那么在意完成那篇论文，我就能及时赶回家，见爸爸最后一面"。这些想法在玛丽的脑海里挥之不去，让她对自己的决定产生了怀疑，进一步削弱了她对自己的信念。掌控自己的生活，让生活变得有意义，这种想法现在对玛丽而言就像一个遥不可及的梦想。

玛丽和丹住到了一起。那年春天，玛丽推迟了重返学校的时间。到了秋天，她又改变了主意，决定彻底退学了。

玛丽感到越来越空虚，觉得参加的活动无法体现自己的才能，但是也看不到充满希望的路。玛丽觉得自己已经支离破碎，无法修复，而外面的世界不受控制，充满了变数，自己的需求在那里将永远无法得到满足。她在反复思考，如果当初她做了不一样的决定，其他人会怎么样，世界又会是什么样子。即使在她最快乐的时候，空虚和悔恨仍然萦绕在心头，占据着她的思想，让她无法摆脱。她和丹聊了很多关于"本可以怎样"的事情，他们外出约会、躺在床上、一起吃饭的时候，这些成为她的话题。她唯一能把握的未来就是和丹在一起，起初丹和玛丽开始两人的关系时候，似乎玛丽是那股吸引他们走到一起的力量，丹实在是太幸运了。但现在情况发生了逆转，似乎玛丽更需要丹，胜过丹对她的需要。

事实上，丹也有些疑惑。这位可爱又才华横溢的高中明星现在仿佛已经崩塌了，总是纠结于过去的决定，从不感到满足。每当玛丽提起她的失败感，认为自己应该在生活中走得更远，丹都感觉受到了羞辱。玛丽想要的生活远远超出了丹对自己的期望，每当他听到玛丽因为得不到满足而感到痛苦时，他也觉得自己没用。她难道注意不到自己给丹传递的信息吗？此外，玛丽和丹还有朋友们一起出去时，玛丽总是想引起丹的注意。从前，她会和餐桌上的所有人攀谈。现在，丹的注意力在别人身上的时候，玛丽就会闭上眼睛，闷闷不乐。渐渐地，玛丽开始为他们俩的周末约会做计划。丹开始害怕这样的生活，他讨厌那些周末计划。玛丽觉得自己黏人、缺乏安全感，是个累赘。最后，丹和玛丽分手了，并很快接受工作调动，去另一个州工作。

毫无疑问，玛丽悲痛欲绝。那种绝望和痛苦的感觉又回来了，她在悔恨中不断反思过往。后来，她搬回到母亲家，开始看心理医生。玛丽没有辞掉原来的工作，但她的工作表现越来越差。她被降职到销售岗位，薪水很低，奖金的多少取决于自己的业务量。她经常在外奔波，有时花费在路上的时间比待在家里还多。她打算把大学的学分转到当地的州立大学，但一直没有抽出时间办理。玛丽讨厌自己的生活，无法忍受自己现在的样子。这不是她想过的生活。玛丽渐渐觉得，结束这一切有时对她来说才是有意义的。她曾几度试图自杀，最终几次被送进精神病院，她为自己的行为感到羞愧。玛丽最近一次出院后不久，开始来找我寻求治疗。

在我们谈话过程中，我向玛丽询问了她过去治疗的情况。她告诉我去看过几个心理治疗师和精神病医生。鉴于玛丽总是对自己的处境进行悲观的反思，一些治疗师诊断她患有严重的抑郁症。而玛丽的抱怨主要体现为持续的焦虑和恐惧，所以其他人认为她患有焦虑症。玛丽遇到的最后一位精神病医生认为她符合抑郁症和焦虑症的诊断类别。然而，这些医生的干预措施无一奏效，因此他们大多数人认为玛丽的精神疾病难以治愈。有人把她的问题称作"病症杂货铺"，或对治疗"没有反应"。他们的话让玛丽感到更加绝望。

听完玛丽的故事后，我请她解释下为什么来找我。"我不喜欢自己的生活，我离快乐很遥远，我没有发挥出自己的潜力。别人告诉我抑郁和焦虑会阻碍我到达想要去的地方，但似乎什么都解决不了我的问题。"

我在工作中经常喜欢使用"外化"的方法。这种方法让人们从问题本身中抽离出来，站在问题之外认真审视和思考问题。将一个问题外化的第一步是给它起一个名字。这个名字不同于诊断，它体现的是个人与这段经历的关系，而不是专家使用的标签。我让玛丽说出"让你远离快乐，阻止你发挥潜力"的事情。

"抑郁症。"她说。

"是的，但这个词语是什么意思？你会如何给它造成的感受命名？"

"悲伤，还有痛苦，而且我总是害怕尝试任何事情。"

"所以你会把这些感受命名为悲伤和痛苦，以及害怕尝试？这些就是让你远离快乐，阻止你发挥潜力的东西吗？"

"嗯，算是吧。它们看起来更像是事情的结果，而不是原因。"

"它们就是结果。你能给原因起个名字吗？你会把它叫做什么？"

"我不知道，这很难说清楚。可能是退缩和不愿承担任何风险。但事实并非如此。每次我试着做些事情回到正轨，就会不知所措。就好像我站在了门口，但没有人会让我进去。"

"所以，一扇门以及没有人会让你进来？"

"我猜是吧，我不知道，就好像我进不去一样。仿佛是我太笨了，不知道怎么转动门把手，我不知道……太难解释了。"

"再试一次，慢慢来。"

"是……是……是大胆的反义词，我解释不清楚。就像这堵墙一样，如果我向前走几步，就会撞上去。就是这种奇怪的东西阻止我回到正轨，好像我不想对任何事情感到兴奋，因为那样做太冒险了。"

"好的。你能给那堵墙起一个名字吗？现在就冒一次险，给它起个名字。"

　　玛丽想了一两分钟。"它叫……'勿抱希望'之墙。"说出这个名字后,她略显尴尬地笑了一下,然后又重复了一遍,"我把它叫作'勿抱希望'之墙。"

　　"勿抱希望"之墙,这是对"希望的恐惧"最完美的表述。虽然我们大多数人可能没有经历过玛丽所经历的那种失望,但我相信,在走向自我改变的过程中,大多数人都会面临不同程度的恐惧。就像玛丽所体会到的那样,对"希望的恐惧"会让你觉得推动你改变的那股强大力量充满危险。它是这样发挥作用的:

　　"希望"这种体验,尽管你知道自己缺少它,但它依然推动着你朝着认为重要的事物前进。它带你走上一条道路,在这条路上,你得承认让生活尽可能丰富多彩、富有意义是你自己的责任。身为一个自由的人,你拥有这样的特权去选择向上的道路,以探索更深刻、更美好的体验。但是,一旦你上升的道路被阻断,比如,你因为病得太厉害而无法踢球,或者你信任的人向你伸出侵犯的手,那么当你跌落的时候,便会对自己和世界产生巨大的失望,而这种失望会让你对自己和这个世界失去信念。现在,你不再相信自己的能力,担心自己的信心会再次受到打击,害怕自己没有能力让生活恢复正常,你对再次点燃希望充满恐惧,因为希望是通向这种经历的唯一途径。

　　失望会压垮一个人,我们这么说是有原因的。从根本上来说,失望指的是未能达到那个期望的目标,也就是那个你认为值得追求的目标。你希望得到某种东西，并通过这种希望将它认定为你需要和想要的东西，但你实际上并未拥有。当因为得不到而感到失望时，你会面临失去你认为重要和需要的东西所带来的痛苦经历。

当然，就像哈姆雷特一样，在生活中经历的大多数失望都不会让你屈服。事实上，我们在日常生活中经常把"失望"这个词挂在嘴边。的确如此。失望是我们生活中的常态，而不是例外。从"我的冰拿铁里面没有足够的冰"到"我不喜欢老板和我讨论问题的方式"，失望就像太阳的东升西落一样稳定。

尽管失望经常发生而且可以预见，但当你希望得到自己缺乏的东西，而又失望于无法得到时，结果通常会非常糟糕。你会经历一种绝望，认为没有让生活变得更加美好，自己应该为此负责。而且由此你会感觉一些你认为在生命中弥足珍贵的东西正在失去。

这就是为什么当你朝着个人目标前进并感到失望的时候，会面临陷入绝望的风险。你体会到一种无能为力的感觉，一种对求而不得且正从你生命中消失的东西的依赖。

希望是导致失望可能性的主要途径，这意味着你越是受希望这一驱动力的驱使，就越有可能无法抑制责任感导致的日益严重的焦虑。如果你像玛丽那样，害怕经历责任和孤独，害怕又一次失望和随之而来的无能为力，那么你所害怕的正是一开始带你走上这条路的东西——希望，那种渴望得到你所缺乏的重要东西的感觉。

一直以来，你在回避一件事情，那就是你意识到自己有责任让生活正常运转，但同时对自己能够实现这一目标缺乏信念。我被赋予了这个有限的一生，负责发掘生活的深度、联系和意义，但我没有能力这么做，或者这个世界没有足够的资源来满足我的需求：这是一个关于人生的可怕想法，婴儿那种“被剥夺”的感觉出现在了成人身上。它使你想要通过僵化来保护你所能拥有的自主权。

当你怀揣希望，迎面走向改变带来的威胁和挑战时，你就处在了改变自己行为最有利的位置。而另一方面，如果你把希望看作一件温暖的羊毛大衣，而大衣下面实则藏着一头名为失望和无助的恶狼，那么改变的威胁看起来就会非常吓人，面对的挑战似乎也变得难以克服。你对自己满是怀疑，便会在前进的路上停下来。

我想这就是玛丽的经历。她的大脑并不是真的一动不动了。事实上，它不会停止下来。相反，玛丽的精神能量和想象力牢牢地把她和过去拴在了一起。她没有去思考成长道路上下一站在哪里以及如何到达那里，而是纠结于她做错了什么，世界是如何辜负了她，脑海里想的都是“要是……”，这些想法没有把她带到任何地方，而是让她待在了原地。

社会心理学家把这些“要是……”的想法称为“反事实假设”（因为这些想法表达了对过去发生事情的愿望，而与实际发生的事实相反）。这些想法认为"如果 A 发生了，B 就不会发生"或者"如果 A 没有发生，B 就会发生"。在我们关于希望和恐惧的研究中，反事实假设——这些对错过的、可能发生的未来的事后猜测和懊悔经历给我们提供了一个重要线索，告诉我们"希望的恐惧"会如何影响你所处之地和欲往之地之间的紧张关系。

一门研究希望和恐惧的科学

对希望的恐惧并不是因为对其他事物的恐惧，比如，对成功的恐惧、对失败的恐惧、焦虑或压抑。对希望的恐惧与它们密切相关，但和它们并不是一回事。重要的是，对希望的恐惧并不是感觉没有希望。事实上，希望和对希望的恐惧之间存在着微弱的联系，一个人可以拥有希望的同时恐惧希望。这是一个非常重要的概念，随着我们的深入研究，你很快就会明白为什么。

人们对希望的恐惧与对"本应该……"的纠结，二者出乎意料地纠缠在一起，这与绝望和"希望的恐惧"之间有趣的区别有关。最有可能用这些想法来惩罚自己的是最恐惧希望的人，同时也是最容易充满希望的人。换句话说，对希望的恐惧加上希望，导致人们更加执迷地认为，如果 X 发生，或者 Y 没有发生，生活本可以变得更好。

　　这里还有另一个惊人的事实，是关于高度希望和极度恐惧希望之间极易爆发的紧张关系。我们让研究对象（大学本科生）列出他们认为未来可能发生的积极事件，那些既抱有高度希望又极度恐惧希望的研究对象，列出的即将发生的积极事件比其他研究对象要少，他们甚至比那些不太抱有希望的对象列出的还要少。确实如此。当你充满希望，但又恐惧这种希望时，你看不到未来会发生很多积极的事情，就跟你对未来不能抱有希望时一模一样。

　　你是不是恍然大悟，然后把之前那句话重复了一遍？当我第一次读到这个发现的时候，我也是这样做的。然而，在现实生活中，只要你能理解希望和失望的原理，这个结论就会非常容易搞懂。记住，当你恐惧希望时，你恐惧的是不知道希望会把你带到何处，也许会把你带向巨大的失望，让你经历无法满足需求时的孤独与无能为力的感觉。

　　积极事件是你希望发生的事件，因此它们也可能导致痛苦的负面结果。就像一个月前，你预约了一个折磨人的口腔手术，你有意识地忽略这些可怕的、让人焦虑的事情，直到你非得面对它们不可。当你怀抱的希望越来越少，对希望的恐惧也越来越少时，你就不再需要忽略这些事情，因为你并不认为它们有多大的价值，也不关心它们在你的生活中是否缺失：它们只是一些积极的事件，没有什么力量拉着你必须实现它们。是否能顺利毕业？随便。升职？还有什么新鲜事。即将到来的假期？

嗯，好吧，让我们看看会怎么样吧……

未来可能发生的积极事件产生的影响，以及这些影响与那些既恐惧希望又抱有很高希望的人之间的关系，是我们研究希望与恐惧以及个人对过去和未来的整体时间观之间联系的一部分。这就是我之前提到过的时间洞察力，勒温将其视为希望的核心。

社会科学研究通常是一种发掘某种现象的实践，这种现象并不显而易见，但可以在事物的模式和关系中被发现。我认为，当你把与反事实思维有关的希望与恐惧的研究、未来可预期的积极事件以及基于时间线对未来的愿景结合起来看，莱因描述的僵化就逐渐变得清晰起来：一个人担心看到自己的孤独和责任，因此对希望心怀恐惧，他们通过反事实假设，把对未来充满希望的事情清除出去，限制他们关于过去或者未来的想法，从而约束任何可能向前的行动。

玛丽就是这种自我约束的典型例子。在我看来，她处在一个非常矛盾的境地，一方面她强烈希望得到自己需要的东西，而另一方面她又极度担心自己不会（或者不能）得到。这是一种可怕的、令人焦虑不安且无法忍受的依附状态，是存在危机的极限点。为了缓解这种矛盾带来的紧张和不安，玛丽进行了反事实思维，她选择要么责怪自己（如果我早点返回学校就好了），要么抱怨命运（都是因为那个教授，生活才没有按我想的那样进行），从而构建了一个关于意义的格式塔，只不过这个格式塔注定令人失望。这些反事实假设让玛丽停留在了原地，因为它们与将来的行动无关，只不过是试图理解过去进行的思考。至于时间，她的沉思也让她看不到未来。

对希望和恐惧的研究（未来还会有更多的发现）为我们描绘了一幅画，画中人物内心紧闭，处于僵化之中。这样的生活是什么样的？我想象一个人坐在椅子上，面对着未来的光明。他被绑在椅子上，无法遮挡耀眼的强光。所以，他尽可能弯下腰，额头贴近腹部，膝盖抬高，顶着额头，原本应该笔直的身躯现在弓成一个不均匀的弧形，将他的视线和注意力从面前的事物转移开。他扭曲着自己的身体，肌肉的拉扯让他痛苦难耐，这是一种背离了所有生物正常生长方式的姿势。尽管这样的捆绑很痛苦，但全是为了能够避免最令他恐惧的事情。

我希望你记住这幅画面，因为我相信，随着你继续读下去，你会发现，这幅画所呈现出的我们面对希望时的姿势，正是导致我们倾向于维持现状的核心因素。正如玛丽一样，当你恐惧希望时，你会害怕对抗你的存在焦虑。这意味着当你处在这个位置时，你的主要动力——希望被削弱了。这也意味着，如果你恐惧希望，你的核心限制力——存在焦虑就会大大增强。此时的你，仿佛处在个人改变力场两个方向的箭头之间，你距离维持现状越来越近，距离想做出的改变就越来越远。这在你试图改变或成长过程的任何时候都是存在的。

回想一下你实现某个重要目标的时刻，你可能感觉很棒。

尽管失败和失望总有可能发生，但你还是成功地完成了一些需要努力才能做到的事。我敢打赌，你会感到一种自信心，觉得自己有能力让事情按你想的发展，但你是否也感受到一种反向的压力，一种想要破坏这种体验的渴望？比如你正在减肥，称完体重之后发现自己瘦了几斤，你的心里是不是在暗自窃喜或者纵声欢呼自己的成功呢？有没有想过要来一大碗冰激凌庆祝一下呢？此时，你的大脑正在努力使你收敛自己的得意之情，牢牢地掩盖住你在其他方面萌生的希望。这是它跟你玩的一个小把戏，试图让你犯错，来浇灭你的希望。

那是对希望的恐惧在作祟。它让你的思想向下弯曲，远离那充满希望和可能拥有的广阔未来，它让你转向短期的问题（"我要不要吃那个冰激凌？"）。这种情况出现是因为你对减低体重缺乏信念，害怕如果没有实现这个目标，自己会有无助的感觉。你不再去想那些可能发生的积极的事情，而是沉浸在我现在应该怎样或者不应该怎样的状态中。

如果你吃了那个冰激凌呢？在吃完最后一勺后会想什么？我为什么要这么做？我在想什么？如果我不吃那碗冰激凌，我的减肥计划就会更进一步了。这就是反事实思维。一旦看到你正朝着"在减肥上更进一步"这个可怕的目标前进，把希望提高到更可怕的水平时，它就会将括号间的距离拉近，而那段距离就是对希望的恐惧阻止你离开的区间。自由预示所有可能的希望和失望，它让你眩晕，定在原地动弹不得。

当你感到自己被拉回现状时，无论何时，都是因为你既抱有希望，又对希望充满恐惧。这意味着当你在维持现状时，希望并不一定会受到伤害或被耗尽。相反，希望就在那里艰难前行，渴望着那些它认为是你生活中所缺少的重要的东西。只是这个希望也让你担心，所以你限制了它推动你前进的能力。你害怕希望，所以你把它遮盖起来，因为你总是担忧可能会失望这一始终存在的问题，以及由此产生的你无法满足自己需要的感觉。

每每谈及对自我改变怀抱的希望时，失望都会是个大麻烦。但是，对希望的恐惧并不总会伤害希望，有时它只是让你想要把希望隐藏起来。你对自己抱有信念，认为周围的世界是善良的，则是另一回事。

受伤的信念

有时运用反事实思维是明智之举，通过反事实思维你可以重新审视自己的错误决定，促使你考虑如何才能把事情做得更好。事实上，进行少量的反事实假设确实起到了纠正的作用。问题在于，当反事实假设大量出现时，人们似乎沉迷于其中无法自拔。

"头脑的不确定组合"，用这个词来描述那些没完没了地用反事实假设来惩罚自己的人，简直再贴切不过了。是什么让善于提出新想法、新方法和不同观点的大脑变得不确定的？简单来说，大脑本身缺乏情感信号的温暖；那么，这一切与"希望的恐惧"和反事实假设又有什么关系呢？回想一下那些既抱有希望又恐惧希望的人，他们最有可能长时间进行反事实思维。也许问题就出在这儿，对于这些既充满希望又极度恐惧希望的人来说，因为他们的内心和情绪没有得到重视，所以他们的头脑会不停产生不确定的组合。

为了证实这一点，我们用"特质性元情绪量表"（TMMS）来对研究对象的情商进行测试。特质性元情绪量表测量三项内容：情绪意识、情绪清晰度和情绪修复能力。那些既抱有希望又恐惧希望的人，也是做出反事实假设最多的人，他们在情绪清晰度方面存在明显不足。他们知道自己收到了一个情绪信号，却很难将其进行转化。因此，他们无法确定自己是悲伤、忧愁、郁闷还是沮丧。如果你不能正确识别自己的情绪，就很难采取相应的行动。如果你不能理解心灵告诉你的内容，你就无法与之合作。

充分利用情绪信息并不一定意味着过度情绪化。恰恰与之相反，我们想让心灵给头脑提供建议，而不是让头脑变成"聋子"。事实证明，那些既抱有希望又恐惧希望的人最难以控制自己的情绪，不仅是愤怒、悲伤、抑郁、焦虑的情绪，也还包括喜悦，这些情绪似乎将他们彻底淹没。

总而言之，那些既抱有希望又恐惧希望的人，与心灵之间缺乏默契的合作，他们无法有效知道心灵在说什么，或者在心灵深陷其中时无法有效地控制它。因此，心灵虽然对最终裁定什么是好、什么是坏、应该靠近还是应该避免起至关重要的作用，但对这些人而言，心灵的可信度似乎并不那么高了。

不那么可信，明白了吗？记住，信念与做出决定并根据情绪采取行动联系密切。当你根据情绪做决定然后付诸行动时，实际上你是在根据情绪所传达的信息来行动，因为你认为作为情绪信息来源的自己值得信任。

这条将人们引向反事实假设的道路告诉我们，当你恐惧希望却又抱有很高的希望时，作为情感信息的产生者，你就会对自己的信任以及由此产生的依据信念行动的能力受到打击。在这种情况下，你的希望仍然很强烈，你渴望获得认为重要的东西，并为缺少它而感到痛苦。但你的信念可能会受到伤害。

还有许多关于希望与恐惧的研究成果都证明了这一观点，即信念受到了伤害。你们应该还记得，我把班杜拉的自我效能概念——相信自己有能力成功完成某项任务看作是信念的"科学姐妹"。我们在研究中测量了研究对象的一般自我效能感。越是充满希望的人具备的自我效能感也越高——除非他们恐惧希望，这让他们的自我效能感直线下降。

这部分研究结果与我前面所写的导致信念丧失的过程一致。你遭受了失望的打击，它让你怀疑自己的情绪，因为你的情绪是你做出冒险决定的主要原因，而这个决定最终以失望告终。而且，一旦你不相信自己的情绪，就会认为它们传递的信息是假的，于是你开始对它们的来源——自己失去信念。一旦你不再相信自己，你就会永远承受求而不得时那种无法忍受的无助的感觉。

根据这些思考和研究，我相信玛丽可能被误诊患有特殊的精神疾病，这种误诊认为她的大脑出现病变，需要医疗干预治疗。事实上，我认为玛丽并没有什么问题。相反，我相信她只是在遭受曾经发生在她身上或者正在她身上发生的事情的影响。尽管她仍然抱有希望，但那一连串可怕的失望让她恐惧希望，因为她对自己实现希望的能力失去了信念。

在训练有素的医生眼中看到的焦虑症，不过是玛丽对自己抱有的高度希望被再度粉碎的担忧，对自己在希望破碎后仍能重拾自我的信念的缺乏，以及对自己将再次感受到的极端无助的恐惧。临床医生可能会认为这些"症状"是抑郁症的直观体现——她看似忧郁的"反思"和对未来的悲观看法？其实这些是玛丽将自己的注意力全部放在了反事实假设上导致的，是因为她失去了信念，对可能出现的积极事件认知受限导致了这些"症状"，以此来避免失望的压迫感。所以，那根本不是精神疾病。

玛丽的问题是那堵"勿抱希望"之墙，那是一个即使是心智最为健全的人也会被吓到的难题。玛丽满怀希望，但现在她最恐惧的就是按照希望行事。她对自己失去了信念，也不相信周围世界会慷慨地让她把希望转变为行动。因此，她怀疑自己能否实现希望引诱她所追求的目标。最让她感到恐惧的是，如果她没有实现希望，她会怎么样？那将不仅仅是没有达到预期目标、浪费了时间和精力、被周围人笑话这么简单，而是她会感到一种极端的无能为力，因为她认为自己在管理自己生活的能力上存在缺陷。

一旦你发现自己无法掌控自己的存在，绝望就会在与希望的永恒角逐中获胜。玛丽不想输掉这场比赛，所以她选择维持现状。这意味着玛丽不仅恐惧希望，她还在保护希望，这股我们生活中总是需要保护的进化的力量。

充满希望的行动——维持现状

玛丽那些有关"希望的恐惧"的经历，既是对希望的防范，又是对希望的保护。是的，这是另一个悖论：维持现状这种行为既是恐惧希望可能带来的结果导致的，也是保持希望的行为。当你处于僵化的时候，你会装死，以此来保护让你的生活充满活力的东西。在这种情况下，玛丽并不是简单地抗拒希望，而是紧紧地抓住希望。就像父母抱着孩子一样，她把希望包裹起来，保护它免受不可预知的环境的影响，同时她也把希望从它自身野性难测的本性中束缚起来，不让它按信念行事、冒险跳跃，避免摔倒的危险。

　　这就是玛丽感到焦虑的原因：她在希望并保护希望不受无能为力这一破坏性力量的伤害；这就是她限制了自己未来的原因：她正在从能动性失败尝试的危险之光中夺回希望；这就是她沉浸在反事实假设中的原因：这些反事实假设让她不断徘徊，寻找完美无缺且安全可靠的策略，同时又阻止她采取行动。经历了所有这些过程，这就是她维持现状的原因。

　　维持现状正是玛丽当时所需要做的，它拯救了玛丽。接下来几个月，玛丽继续接受我的治疗。虽然这几个月她并没有处在最佳状态，但她的生活确实变得更加稳定了。她向公司申请换了一份不用到处奔波的工作。这份工作的薪水比低薪的销售工作还低，而且工作让她百无聊赖，但却能让她安心地待在家里，她觉得母亲需要她。这种稳定似乎帮了大忙：玛丽不再试图自杀，也不再喝酒。她还定期参加了一些社交活动，比如，每个星期日去教堂做礼拜，每周有几天晚上参加足球比赛，还加入了表姐的读书俱乐部。玛丽没有什么亲密的朋友，也很少参加下班后的社交聚会，但她的生活也自有节奏，起起伏伏，既没有特别兴奋，也没有特别悲伤。

　　经过一年的治疗后，玛丽对我说："我觉得自己就像那些电池一样在充电。如果你现在把我从充电箱里拿出来，我的电量会很低。如果我在充电箱里多待一会儿，我就会充满电。我不知道实际上是不是这样的，但至少我是这么认为的。"

　　我对她说："玛丽，你这么说真是太了不起了。"

"嗯，是的，但这里没有指示灯。"

"指示灯？"

"是的，充电箱侧面的小灯会告诉你电池什么时候充满电。我不知道现在的电量是高还是低，也不知道自己什么时候才能离开充电箱。在我脾脏破裂的时候，那盏指示灯就坏了。"

"我想我明白了。"

"我担心如果现在离开充电箱，我可能没有足够的能量翻越或穿过那堵墙，而且我还会因此失去很多能量。但问题的另一方面是，也许我已经准备好了，我有足够的能量，现在只是在浪费更多真正有价值的时间。"

天哪！玛丽真是太聪明了！还能想出比她这个更好、更有说服力的比喻吗？我是这么看待这个问题的。充电箱那个箱子是维持现状，在这个阶段给予玛丽稳定的生活。电池是希望，被保护在箱子里，产生能量。指示灯是无法实现的愿望，想要什么东西或某个人来告诉她，一切都是安全的，她应该继续前进（就像《伦敦生活》的女主角想要"有人告诉我该如何生活"和哈罗德明知自己要去哪里却还要向警察问路）。

回想有关希望与恐惧的研究结果：你越抱有希望，就越恐惧希望、越感到焦虑。这种三位一体的情感——希望、恐惧和焦虑，对玛丽来说影响很大。玛丽因失望导致精神受到创伤，她害怕再次经历任何会使她感到无能为力的事情。她越抱有希望，这些事情就越有可能发生，它们的破坏力也越大。她能够坚持到她所希望的日子到来的时候，但她并不相信自己能按照这个希望采取行动。这意味着她的雄心壮志因为对自己极度缺乏信心而削弱。她感到焦虑，担心希望会诱使她陷入危险的境地，最终不可避免地成为要为自己生活负责的可怜管家。因此，再次尝试之前，她有必要通过一些确切的证据，来证明她已能量满满，以确定继续前进是安全无虞的。但对玛丽来说，就像我们所有人一样，从来没有什么指示灯，这就是为什么我们需要信念。信念是来自我们信任的自我的本能反应，而不是一个从橙色闪烁着变成绿色的外在指示物。而信念正是玛丽所缺乏的。

我相信，这也是玛丽如此沉溺于那些反事实假设的另一个原因：她的头脑一直在试图找到一个理性的解决方案，那个上次失败时错过的一些隐藏的、合乎逻辑的策略，来明确无误地告诉她是时候了。如果她能深入挖掘过去，发现新的数据，就有足够的信息向前推进。但是，这种正确的组合当然不会给玛丽带来任何好处，因为她即使找到了，也不会依赖自己的情绪来准备下一次的飞跃。

那个时候，我现在的这些观点在头脑中还没有完全形成（仅仅有维持现状的"十大理由"以及对希望的恐惧的模糊理解）。但我有一种直觉，认为等待信号灯是一个错误。我进一步问道："玛丽，要是那盏灯一直坏着怎么办？你会怎么做？"

"我不去想它，那太可怕了。"

"好吧，请等一下。你需要做什么？"

"我不想去想它。我们能谈点别的吗？"

我没有再追问下去。

玛丽再一次打心底里希望有一个更美好的生活，她没有过上自己想要的生活，她觉得自己做不到，因为她不相信自己能做到。所以，她所能想象到的唯一积极的未来是这样一个世界，在那里她通过某种比她自己更可靠的东西来保证自己的安全感，这种东西不受人为错误的影响，并向你提供最可靠的信息——一切都好，你现在可以出来了。

我把"这种绝对正确的信号即便存在，也是少之又少"明确指出来，这是正确的。但我如此轻率地表述这一点，却是不对的。我坐在办公室心爱的椅子上，饮一口热茶，好不惬意，把室内温度调到 22 摄氏度，做着自己能够胜任的工作，有一份稳定的职业，晚上下班后回到家有家人陪伴，街坊邻里和睦友善，被这种周而复始又安全可靠的生活庇护着，我把"指示灯永远坏了"这事意味着什么想得太理所应当了。

我也跟随玛丽的脚步，离开了希望的浩瀚，进入了一种更狭隘的体验。像玛丽一样，我的注意力集中在指示灯的问题上，使我的视线从一些非常重要的事情上移开。玛丽没有一动不动地坐在原地，她并没有真正停下来，而是在慢慢地前进。她不再有自杀行为，不再饮酒，而是星期日去教堂，参加读书会和足球联赛。这些都是非常重要的事情。它们是玛丽自己创造的稳定感、安全感和社交参与的源泉。她的生活可能有些平静，但玛丽并没有让它静止。通过这些不同的方式，玛丽在考验她的信念，同时重建她内心深处的希望之光。

　　玛丽停靠在那里是有充分理由的。虽然她不确定自己是否能够摆脱这种看似静止的状态，但她确实在一段时间内保持静止，最终将为其发挥作用。在这段停靠期，她的进步是真实的，这些都是循序渐进的小步骤，让她的伤口愈合，让她的力量恢复。也许，虽然我们没有再就这一问题进一步探讨下去，但她内心的指示灯却开始微弱地闪烁起来。

第五章

负鼠装死时的保全之道

———————— · ————————

有朝一日你终会醒悟，包裹严实藏在花蕾里远
比尽情绽放疼痛难耐。

——阿娜伊斯·宁

恢复

上次见面时，玛丽说自己就像在一个没有指示灯的电池箱
里充电。自那之后一年多，她已经朝自己的舒适区外迈出了一
大步。她在读书小组里进展顺利，跟书友见面后总会有人邀请
她出去喝一杯或一起吃饭。尽管玛丽总是拒绝他们的邀请，但
她仍然从中感到了一丝伙伴情谊，那是她曾经在高中足球队和
大学宿舍里感受到的团队的感觉。

玛丽特别喜欢读书小组里一个叫霍莉的姑娘。霍莉与玛丽
同岁，为人热情友好，而且精力充沛，在当地一家户外用品店

工作，经常组织客户集体出游。有一次轮到霍莉推荐书目，她选择了乔恩·克拉考尔的《进入空气稀薄地带》，这本书讲述的是攀登珠穆朗玛峰的悲惨故事。玛丽被这本书迷住了，花了两个晚上的时间看完了。书中所描述的登山队的决心和勇气以及队员之间的相互依赖，让她回想起某些尘封已久的感情，那是明确的目标带给人的心潮澎湃，是为了实现目标跟一群能人志士奋力拼搏的纯粹之心，以及大胆行动带来的自由之感。

读书小组再次见面时，玛丽是第一个发言的。这是她对以往习惯的一次改变，以前她总是先等着听别人说了什么，然后再发言。

"我很喜欢这本书，"玛丽说，"首先，这本书让人很激动。更重要的是，这本书让我很惊叹，甚至可以说让我对那个团队以及他们所做的事情感到兴奋。"

大多数书友听了之后都善意地笑了起来，他们发现玛丽对这本书的喜悦与书中令人悲伤的故事根本不搭边儿。然而，霍莉点了点头说："我完全明白她的意思。"

那个星期，霍莉打电话给玛丽，邀请她参加自己组织的郊游活动——攀岩。玛丽感受到了做决定的关键，要么大胆行动，要么回家。于是她大胆地去了。

正如玛丽预料的那样，跟一群陌生人在一起让她感到不自在。相比于自己，霍莉则表现出在运动方面的自信和骄傲，这让玛丽感到嫉妒，又夹杂着几分羞愧。但是，当她和一个搭档一起攀岩，搭档在下面给她提供保护时，她感觉好像中场球员一个完美的传球，球不偏不倚刚好到了她的脚下，她体会到了那种团队合作、各尽其能和共担风险的纯粹的快乐。

玛丽很快加入了一家攀岩馆，尽可能地参加每一次训练课。她学得很快，手上渐渐长出了老茧。她和霍莉的友谊之花也在绽放，两人有机会就一起去爬山。

那段时间，玛丽有一次跟我说："我好像正在从一次严重的扭伤中恢复过来。我经历了这么长时间地狱般的生活，一直看不到头，但是现在我看到了。"

"就像你在康复？"

"是的，就是这样的。好像我受了伤，现在正进行康复训练，我不能做太多，否则会再次受伤。所以我停了下来，但这是应该的。"

"听起来很对，玛丽。"

"这有点像我当年的单核细胞增多症时犯的错误。我应该照医生说的去做，但当时我没有，最后损失了很多。我的意思是，这次虽然不是身体上的伤病，但是我还是会慢慢来，一点点康复。"

"我明白了。"

"你就像我的理疗师，在帮助我康复，但我离开你的办公室后做什么完全取决于我自己。比如，我要向前迈一大步还是一小步，这取决于我。动作太大，我可能会再次受伤；太小了，又没有什么疗效。但我想，现在我已经完全准备好回到那里去了。"

"我也这么认为。"

"真的吗？"

"是的，我是这么认为的。"

"我在重新充电。"

"你是在重新充电。"

玛丽在我这里又接受了一年的治疗后，回到了位于另一个州的大学。她攻读了商学学位，然后又念了工商管理硕士，并在那里又找了一位心理医生继续接受治疗。自那之后，我和玛丽失去了联系，直到最近，她给我写了封电子邮件，告诉我她的近况。

玛丽获得硕士学位后，继续从事软件开发工作，现在已经是一位项目经理了。团队合作重新回到玛丽的生活中。她热爱自己的工作以及所有的挑战。就像她自己说的，她大脑的"开关"总是开着，充满创造力，随时准备解决下一个难题。她现在已经结婚，和丈夫花了很多空闲时间攀登他们家附近的巨石和悬崖。他们每年都会存钱去探险旅行，在凯图纳河体验白水漂流，在托里松坐滑翔伞。周末的时候，玛丽还会去教足球。

读完玛丽的邮件后，我回想起她那段漫长的恢复之旅，从被问题和失败缠身，到现在重新收获希望而富有创造性的人生，那一幕幕像电影一样在我的脑海里播放。这就是玛丽，静静地侧躺在沾着露水的草地上。自从那年秋天脾脏破裂时起，她就躺在那里怀抱希望，像负鼠一样在装死，这一躺就是好几年。但现在，仿佛指示灯变绿，玛丽睁开了眼睛。她环顾四周寻找威胁，轻轻动一动脚趾看看自己是否被发现。接着，她单膝着地，小心翼翼地站起来，做一个箭步来缓缓拉伸双腿，随后轻快地慢跑起来，肺里充满了新鲜的空气。这时，玛丽听到"冲"的声音，于是她便大胆地穿过这片湿漉漉的草地，朝着球场另一头的球门奔去。她的信念被恢复了，她的希望实现了，玛丽又回来了。

维持现状的保护

像玛丽一样，当你维持现状时，不只是因为在与强大的抑制力对抗时被困在了某处，同时也在努力保全自己的驱动力。换句话说，维持现状不只是你存在焦虑的负面结果，还是一种充满希望和信念的行为，通过这种行为保护着让你焦虑的东西，那就是你用"紫色蜡笔"书写自己存在的能力。这个逻辑听起来可能有点绕，但请耐心听我讲。理解这一点非常重要。

当你选择维持现状时，你的选择让希望远离失望。这是一种行为，而不是人们通常认为的一种被动或惯性状态。这是一种战略撤退，而不是投降。选择维持现状在很大程度上是为了保全希望，保护你主宰自己生活的那一部分。从这个角度来看，维持现状是一种自我照顾的表现，或许还是一种抗议，而且它绝对是一种像玛丽那样的康复行为，一种恢复你需要的资源以应对挑战的方式。

你现在所在的地方和你想到达的地方，这两处之间的坐标位置处在变化之中，那是行为和经历的产生的地方，恰好也是你的抑制力和驱动力遭遇的地方。这意味着即使你在抵制改变的过程中一动不动，实际上仍然处于一种活跃的状态。某种事物还在继续向上生长，就像杂草会冲破路面的限制，从缝隙处生长出来指向太阳。

换言之，在改变的力场中，几乎不存在这样一个点，在那里只有抑制力，没有驱动力。跟所有的生物一样，成长是我们的天性，只有绝望这颗"原子弹"才能彻底阻止这种趋势。而在大多数情况下，即使你表现得毫无希望时，希望依然在向上生长，有时甚至非常有力。

但是我们不要太相信希望的生长是永恒的，希望几乎总是存在并不意味着彩虹和独角兽也会一直有。当然，希望在某种形式或形态上是永恒的。但是，在某些时候，你感到的希望在对抗强大的绝望时可能会显得虚弱无力，或者它可能很强大，但比不上你对它的恐惧，而且希望可能在这种状态中持续很长一段时间。恰恰由于绝望、对希望的恐惧以及它们以外的东西的存在，希望被隐蔽了起来，那么从希望被隐蔽最深的地方准确地找到它就变得非常重要。

从最意想不到的地方找到希望

思考一下存在的焦虑。当向上生长的希望与你因意识到自己的责任而产生的抑制力相对抗时，你就会感到焦虑。这就意味着，尽管希望会让你意识到自己的责任，而失望不仅威胁着让你为自己负责，还让你感到无助，但焦虑依然是你努力前进的结果。换言之，焦虑是你的坚韧和努力的表现。你如果不抱有希望，就不会感觉焦虑，就像你不锻炼肌肉就不会感到肌肉拉扯的疼痛。

不要误解我的意思：你对责任的焦虑，尤其是在你感到无助的时候，会让你变得意志消沉。当抑制力处在上风，占据了改变"力场"的大部分空间时，你就会感到焦虑接近自己所能承受的极限。然而，焦虑并非不抱希望的结果。相反，它是希望的驱动力与责任感和孤独感的抑制力共同作用下的结果，而责任感和孤独感又是由于你抱有希望而出现的。对于你的无助感来说，这种兼而有之的关系也同样存在。

如果你对想得到的东西感到无能为力，那么这说明你内心的一部分仍然愿意继续努力去满足那些需要。没错，你可能会感到受阻，但这是因为你仍然渴望改变，你并没有放弃。换句话说，你感到无能为力，不是因为你彻底放弃了希望，而是因为你对自己实现希望的能力失去了信念。你感到无能为力，因为尽管面对失望的强大力量，你仍然在试图前进。这总比什么都不做要好得多。苏联著名作曲家德米特里·肖斯塔科维奇抓住了这一点，他写道："当一个人陷入绝望时，意味着他仍然相信某些东西。"

维持现状是一种积极的状态，在这种状态中希望得以保全，这个观点把我们带回到那些絮絮叨叨的反事实假设。

你在考虑"如果……会怎样"的时候，其实是在想象通往更加美好未来的其他途径，这听起来很像希望。事实上，当你这样想的时候，你正在生成一种被遏制和保护起来的希望，让自己待在某个位置上不动，因为你的另一半希望受伤了，那是能动思考的那一半，是依赖于信念的那部分。

有两种类型的反事实假设尤其具有意义：一种是关于责备自己的反事实假设（我如果有勇气和老板谈谈，现在就已经升职了）；另一种反事实假设发生在你责怪别人，或者抱怨一些你无法控制的情况时（如果我的老板不是这样一个混蛋，这次升职的就应该是我了）。

当你专注思考本可以换一种方式进行的事情时，你也在专注于这样一种可能性，即你在试图做出有意义的、令人满意的改变，可眼前的世界却变化无常，可能无故剥夺你的努力，或对你的努力不屑一顾。因此，责备自己为通向这一无法忍受和毫无希望的看法另辟蹊径。你思考着自己的行为"如果……会怎样"，在脑海里搜索本可以做"对"的事情，这样你就保住了终有一天你能够改变自己的希望，这可比试图改变整个外部世界要容易得多。这在孩子们身上的体现尤为明显：当他们觉得父母没有保护他们或更糟时，他们常常会为自己这样想感到羞愧。但我相信，我们成年后，面对破坏性极强的失望，也会采取同样的做法。我坚信这就是使玛丽陷入自己"如果……会怎样？"的主要原因：她认为自己所有的失望都源于无法掌控的原因，这些原因聚集起来形成了一个毒瘴弥漫的密林险境，让她陷入深深的绝望。

另一方面，沉浸在反事实假设中，把一切归咎于外界的危险和混乱，也可以作为一条可选择的路径。据此，你就不必为问题全在你自己而感到羞愧，却又跟反躬自省一样达到了保全希望的效果。如果问题不是出在你自己身上，那么不论你周围的世界能给予你的有多少，你可能都会很坚强地去忍受绝望。我想这可能就是玛丽认为她以外的世界剥夺了她的一切的原因。因此，解释清让她感到无助的原因，玛丽心中的羞愧平衡了许多，肩上的负担也就减轻了不少。

跟我们大多数人一样，玛丽用一种反事实假设去平衡其他的假设，因此我认为这是她变得那么喜欢反复思考的一个原因：如果她停留在一个模式里，她就会慢慢被引导走向无力感（我把自己的生活彻底毁了）。所以当这种深深的无力感在她面前隐隐出现时，她就会开始进行反向的反事实假设（世界永远不会改变），而后如果这个模式再次将她带向同样的道路，她就再次改变方向，一旦这条道路又变得太过艰难，她就再选择改变方向，循环往复，如此而已。换句话说，玛丽对反事实假设的思考也具有保护作用。

玛丽有限的时间洞察力和对美好未来的短视，也是由上面的原因所致。当你把时间洞察力的括号移近一些时，你也在保护自己免受这种威胁的伤害。当你限制了自己的视线，不让自己看到未来可能发生的积极事情时，你也就限制了自己满怀希望却失望而归的可能。因此，当你限制时间时，你其实怀抱着希望，不过是在保护自己，不让你因为无法满足自己的需求而感到无能为力。

现在是时候回想一下我在上一章中让你记住的那个画面了：一个人坐在椅子上，痛苦地向下蜷缩着，他无法完全躲避面前来自未来的强光，只得尽可能不让自己暴露在那耀眼的光芒之下。他感到痛苦难耐，但仍然保持着扭曲的姿势，因为他实在不敢抬头向前看。现在我们在这幅图画中再加点东西，是你以前没有注意到的：这个人胸前紧紧地抱着什么东西，发出的光和他面前的光芒具有相同的色调和亮度。他用身体将这个东西包裹起来，用尽全力来保护它。这个人原本身躯笔直，现在痛苦地弯下了身子，保护着他最珍视的东西、赖以生存的东西，让它不受跟随希望一并到来的无力感的毁坏，那个东西就是希望。

当你弯腰保护希望时，你会反复思考那些与无助有关的问题，感到无能为力、深深的愧疚、对无情的宇宙的担忧、对人生的巨大焦虑，以及对未来的悲观和狭隘。这些痛苦的经历足以将你灵魂的脊椎骨压弯。但是，你之所以忍受着这些经历，一定程度上是因为你正在通过蜷缩的姿势来保护非常重要的东西。换句话说，你在这种看似没有其他选择的情况下，正在尽你最大的努力去照顾自己、安慰自己，甚至爱自己。

这意味着只有当你希望得到一些具有重要个人价值的东西时，你才会产生存在焦虑和无力感。许多你所做的事情或感受到的东西可能被你认为是不抱希望的迹象，而它们实则是在试图保全你的希望和自主性。

这也意味着我们遇到了另一个悖论：让你维持现状的抑制力并非一无是处，它也不总是只会约束你。事实上，它们标志着即使你在最糟糕的处境里，你仍然在关心着自己。

这是一种兼而有之的想法，即认识到因即是果，果即是因。但我们的大脑更喜欢线路清晰的因果地图。受当前商品买卖文化的影响，我们的头脑偏好将一个原因按一个方向与一个结果联系起来（比如这样的广告：别再犹豫啦！只需五步就能让你轻松实现改变；神药一粒，药到病除；这项技术已经证实可以解决任何心理问题，等等）。因此，我不得不承认，自己现在也觉得有点无能为力，不知道自己能否用语言来打动你，我对自己的能力也不那么自信了。但是，希望在改变的抑制力中仍然能够存在，并得以保护和保全，这让我们对维持现状产生了一种完全不同的态度，跟商家轻松的解决方案和我们基于二分法（比如，疾患与健康、失败与成功）的判断文化完全不同。

我相信，这种态度会让改变从整体上变得稍微容易些（但请你明白，只是变得稍微容易些，而不是轻而易举：在通往更加充满希望的生活的道路上可没有免费便车可搭，而且希望本身就是一种充满痛苦和动荡的经历）。我所写的这种态度是一种对维持现状怀有尊重的态度。

在维持现状中保全

当你在生活中打算做出某种改变时，我打赌你曾为你的失败严厉批评过自己，即使是再谦虚的人也会承认自己在成功中所发挥的作用。但你是否也把维持现状视为一种选择，一种你可能想要甚至渴望的状态？我猜你没有。我怀疑你从逻辑上认为维持现状是糟糕的选择和失败的结果，是强加在你身上的东西，就好比一件你不需要但又被迫穿上的外套，而不是你内心深处一直以来想要达到的目的地。

这就是萨特关于自欺的观点。自欺是一种选择，是一种你认为自己别无选择的体验模式（我们一般不认为自欺是一种选择，因为如果那样的话就会违背自欺的目的，即相信我们没有选择）。维持现状就是一种自欺，因为我们一般可以通过维持现状来避免让自己感受到责任。然而，我们有多种方法把维持现状看作是一种行动，比如，在个人改变的"力场"中观察它，把它理解为一种保全行为，甚至是自助行为。

让人既感到矛盾又觉得幸运的是，当我们能够这样看待现状时，让我们维持现状的力量就会减少几分。

为了说明这一点，让我们回到上一章列举的节食和吃冰激凌的例子。假设你忍住了，没吃冰激凌。然后崭新的一天，你对自己的成功感觉良好。你来到办公室，在这新的一天，迎接你的是一个全新的挑战：会议室里正在为你的老板庆祝生日，还有一份你最爱吃的无麸巧克力蛋糕。

你加入到了庆祝中，现在大家在分发蛋糕。当别人把盘子递给你时，你故作矜持。尽管你表面控制得很好，但内心仍在竭尽所能地抵制想要来一块（来一大块）的冲动。与此同时，你在心里飞快思索：我怎么了？我怎么能这么想？我这是在害自己啊！你熬过了庆祝会，可那块蛋糕在会议室里放了一整天，每次你从旁边经过都会诱惑你。当你感到内心开始挣扎的时候，更多消极的想法进入你的大脑：我对甜食上瘾！我在节食上已经很努力了，可我现在又想吃蛋糕了！

在这一天结束的时候，你抓起一块巨大的蛋糕，在回家路上吃了起来。你在享受香甜软糯的愉悦时，大脑也停止了运转；吃还是不吃的紧张关系荡然无存。但你的满足感是短暂的。等你吃第二口的时候，你的大脑就会转向反事实思维，你一边咀嚼一边想：我要是不吃的话，自我感觉会更好。我今天要是吃了带来的杏仁，现在就不会吃蛋糕了。那么多蛋糕可以选，他们为什么偏偏选无麸巧克力蛋糕呢？

事情是这样的，你很聪明，你的大脑也在正常运转，你可能对巴甫洛夫有些了解。当你拿起那块蛋糕时，你很清楚你会觉得自己很差劲，并且这种感觉会在相当长一段时间里惩罚着你，远远超过吃蛋糕能带给你满足感的时间。那你为什么还要这么做呢？为什么你会选择满足口舌之欲时瞬间的快乐，而甘愿忍受接下来几个小时的痛苦悔恨呢？

原因在于你自己都没有意识到，在不经意间把纸盘从会议室桌子上拿起来的时候，你正在寻求一个不同于减肥的目标。尽管在一个普通的勒温式观察者眼中，你可能在追求减肥这一目标的过程中，因为抑制力太过强大而失败，但实际上你在另一个完全不同的"力场"中却获得了成功，在这个力场中你的目标是限制希望。希望——不以吃那块蛋糕而羞愧是行为心理学家所说的厌恶刺激。你想要得到的奖励是什么呢？你真正想要的不是吃到蛋糕时的愉悦，而是不必面对希望。

蛋糕的故事体现了莱因所描述的关于僵化的悖论：你会去做让你待在原地的事情，是为了保护你内心的某种自主性。换句话说，现状和无助并不总是我们试图避免的事情。当我们担心我们的责任时，我们有时会直接走向它们。我们这样做，在大的方面，比如，彻底昏睡；在小的方面，比如，我们在减肥的时候还在车里吃蛋糕。不管这种僵化的行为多么痛苦、多么适得其反，它的初衷是善意的，是想保护你的希望。

这种选择有多反常？ 其实一点也不。在萨特看来，自欺（对自己和他人隐藏你的责任）是常态，而诚实是例外，这就是为什么人们一般会选择维持现状，以及为什么真正的自我改变很难实现。

当你把现状当成一种消极的力量时，就像哈罗德在最焦虑的时候，忘记了他现在面对的怪物是他自己创造的产物。但是，和哈罗德一样，你也可以控制这种困境。如果你能接受现状是由你手中的紫色蜡笔画出来的东西，是你的一种选择、一种决定，那么你总有办法让自己走出困境。反之亦然，如果你一直处于遗忘的状态，那个怪物就会有自己的生命。

我认为，承认维持现状是一种选择并理解为什么会做出这样的选择，比否认它甚至连你们有"点头之交"都不愿承认更有力量。如果你能意识到维持现状是某些可以理解的甚至合理的选择导致的，这就更有力量了。现在这里出现了一个悖论：当你可以将维持现状视为一种选择并理解自己为什么会做出这样的选择时，你实现改变的概率就会提高。这是理解你对改变的抗拒的转折点。一旦你接受了维持现状这个选择，它会让你获得控制权。

让我们来进行你和那块蛋糕的反事实假设，"如果……会怎样"的问题将让你愿意相信现状是一种善意力量。 你加入会议室的生日聚会中，此时大家正在把蛋糕分发给每个人，你会有一种冲动想要接受递给你的那块蛋糕。然而，在这个情境中，你发现这种冲动不是因为对甜食上瘾或缺乏自律；相反，你认为它是对希望的逃避。你安抚着自己，心想我又遇到这种情况了，害怕节食把我带向的未知。你带着对节食重要性而全新的认识回到办公室，这种认识基于它是如何提升了你的希望足以让你感到恐惧的。你为自己坚持了下来而感到自豪。一整天，每次你从会议室那块蛋糕旁经过时，它都会向你招手。你感觉到了那种吸引力，你思忖着：如果我吃了那块蛋糕，我会获得安全感，但同时我会觉得自己差劲。我真的想那么做吗？

这一天结束的时候，蛋糕边上没有人，还孤零零地放在那里，只是有点不新鲜了，但依然给人巧克力甜美的感觉。如果你怀着尊重的态度对待现状，那么你可能会做出下面三种反应，每一种反应都比把吃蛋糕当成一种糟糕的、不合理的行为更积极地支持你的驱动力：

1. 你径直走过会议室，来到停车场，心想：今天我可以主导自己的生活了。我不需要限制希望。

2. 你拿了一块蛋糕，然后去了车库。当你吃第二口的时候，反事实假设开始出现，你注意到了它们，并意识到它们的意图：哇，真是太快了。我在用这些糟糕的感觉来使自己不要抱有希望。其实我想要的根本不是蛋糕。你把车停在离车库最近的垃圾桶旁，把那盘蛋糕扔掉了。

3. 你吃了那块蛋糕。在回家的路上，你想，我因为某些原因在给希望踩刹车；我内心某个部分需要那种糟糕的感觉带来的安全感。你会生自己的气，但你不会觉得自己完了或者很失败，也不会认为自己的行为是由外部因素引起的，比如巧克力的诱惑，或者对甜食上瘾。

在上面三种情境中，你都是积极地朝着一个选择前进，或者正在做出一个你期望能够保护自己的选择。你看到自己的能动性，它来自一个善意的地方，即使它可能导致一些不太好的结果。这一态度加强了你的掌控感，从而支持了你的信念，帮助你获得希望的动力。另一种态度则认为，你在抵抗蛋糕的诱惑上是一个可悲的失败者，这只会让你觉得你在减肥这件事上无能为力，从而觉得你在实现任何目标时都无能为力，这会强化你的抑制力。

当你明白自己拒绝改变的原因部分是出于保护某些东西时，你会把维持现状看成是在尽你所能照顾好自己。因此，你把维持现状的冲动看作是一种主动的心理，而不是被动的。你在现状中找到了这种能动性和希望，从而对自己实现目标的能力不足的担忧可能会减少（但是很抱歉，你对自己的责任和孤独的焦虑也可能会增加。）

你现在所处的位置可以让你更冷静地思考下一步，也可以给你带来想要的改变，这就是我对玛丽之前经历的看法。在玛丽之前的治疗中，治疗师和医生把她表现出的抑郁和焦虑症状作为医疗干预的依据。在某种程度上，他们认为玛丽是一个病人，需要进行积极的干预治疗。玛丽参与了这种治疗，感觉自己是一个患有严重抑郁和焦虑症的病人，需要接受专家的干预来治愈。打个比方，她就像被麻醉了一样处在被动中，在恢复过程中没有一点能动性。就像她在第一个疗程中对我说的那样："我的抑郁和焦虑阻碍我到自己想要去的地方。"换句话说，这些疾病让她别无选择。玛丽通过这样的方式，降低了对自我效能的预期，不认为自己是可以负责的人，她遇到的问题已经不受自己的控制，于是她将自己所拥有的信念交给了专家。这种自欺的策略完全可以理解，这是为了保护希望而可以为之的僵化行为。

然而，当玛丽看到她的问题涉及"勿抱希望之墙"时，我们的治疗工作找到了一个重要的新视角。玛丽对希望的恐惧是问题所在，她对动力的缺乏不再是一种静态的精神特征，而是一种存在的、动态的状态：在她生命中的这个位置，她遇到了希望的危险。她面对着那堵墙，然后决定如何面对生活中的这个障碍。也许正是因为玛丽尽其所能保护自己的希望，而不是坐以待毙，让她成功地实现了自我效能，而这种小小的成就感很有可能提高她对自己的信念。

随着玛丽逐渐建立起自己的信念，对那个障碍就有了一个全新的比喻——电池箱。这个比喻讲的是增加能量，采取更慎重的方法来恢复，同时努力在更大程度上接受自己作为决策者。玛丽开始清楚地认识到，她缺乏动力本身就是一种行为，就是她正在做的事情，而不是大脑中什么化学物质或不幸的命运强加给她的东西。而且，一旦她明白了维持现状是一种行为，她也能辨别出这种行为实际上在什么地方起到了保护作用，甚至是关怀的作用。这与被伤害恰恰相反：她没有丧失希望，而是正在"康复"。

当然，想出一个好的比喻不是唯一对玛丽有帮助的事。玛丽改变的原因是多方面的，就像一支配备锐利之箭的军队向前推进，很可能与另一支配备有抑制之箭的军队（包括治疗中所有复杂的神经质东西）相对抗，而后者正变得虚弱无力。但她通过这些比喻增强了希望，而希望是融入自我改变中的特别重要的驱动力。她还通过增强对自己的信念，削弱了存在焦虑的内在抑制力。因此，玛丽所做的一切在心理上非常重要，但也与主流文化背道而驰，她正在与我们主流文化看待改变的方式进行着斗争，因为那种方式有着很强的破坏性，它误将抑制之箭伪装成动力之箭。

灵丹妙药的危险

打开电视观看播放的商业广告。从手臂背面粗糙干燥的皮肤，到抖腿综合征，再到一些成瘾的习惯以及情绪障碍，不管你有什么不适，都会有一种治疗方法，简单到吞一粒药丸或遵循医生的指导就可以药（医）到病除。我们生活在一个叙事治疗师称为"问题饱和"的时代。在这个时代里，我们买入那些关于通过专家介入来消除问题的故事，而不是自己编写故事来讲述是什么驱使我们凭借希望和勇气前进。充满问题的故事总是把维持现状当成一个问题，而不是一个合理的解决方案。因此，他们诋毁、轻视维持现状，从而忽略了我们在面对重大挑战时所处的强大位置。

修复法通过描绘一个理想化的肖像，让我们看起来就像被修复了一样，同时为现状创造了一个沉默寡言、丑陋和阴暗的肖像。每一份医嘱、每一粒药片、每一项标榜为最先进、最有前景的"最佳实践"的技术，都是对一个失败者的灵魂的沉重一击。修复法告诉你，通往完美的道路是明确且直接的，只有没救的人才会拒绝走这条路。

"那些没有康复的人，他们没有或无法完全投入这个简单的项目中。"这是嗜酒者互诫协会的那本"大书"说的。那些连"12个步骤"都不能遵循的可怜人呢？这些男男女女怕是天生就无法对自己保持诚实。这听起来太苛刻了，但这就是如今大多数自我改变的方法所传递的信息。它们明着暗着都在说，如果你不愿意打开装有"容易实现的可能"的礼物，你就是一个失败的人，你表现出的行为就是不道德的。

在无能为力和焦虑中也许蕴含着一些希望，但这并不意味着我们应该把它们作为改变的手段。但是这正是"灵丹妙药"和"神奇疗法"所做的，它们让"现状"成为你支离破碎的耻辱标记。然后，那个鲜红的标记阻碍了实现改变的过程——

沉思。

这些方法指示你把不想改变的那部分自己扔进臭气熏天的故障箱里，让你把眼睛从它的存在上转移，无视它的价值以及它与你的生活的永恒联系。因此，这些方法妨碍了你去思考维持现状在实现你想要做出的改变中将发挥怎样的作用，因为你得到的信息告诉你，这没有什么可值得思考的。

你越是厌恶维持现状，不愿正视它，你就越有可能抵制改变。你转移自己的视线，从而看不到维持现状的必要，无法思考它在生活中的地位，找不到它保全希望的地方，更别提可能欣赏它了。

因此，我相信，玛丽第一次来找我的时候，她不仅忍受着生活中失望的痛苦，她还受到了伤害，那些她接受的治愈方法的伤害。玛丽开始接受治疗，因为她感到自己无能为力、支离破碎。在我们这个时代，当感到自己出了问题，我们会寻求解决个人问题的方法，去看治疗师和精神病医生。然而，她求助的专家只是证实了她对自己的看法是正确的。他们只注重自我改变的优点，而忽略了维持现状的可取之处，这使玛丽感到自己问题重重。对他们来说，他们只看到玛丽生活中的抑制之箭，而没看到怀揣希望的玛丽在向上成长。

这些治疗师和精神病医生都是坏人吗？不。他们是要毁掉玛丽吗？绝对不是。事实上，他们很可能在"不允许有维持现状这一选择项"的框架内，已经尽了最大的努力，表达了对玛丽最大的同情。他们的本意是好的。然而，我们知道善良的本意铺就的道路往往是怎样的。

当玛丽选择了相反的道路，从容易解决的高速公路转向充满希望和对希望的恐惧的坑洼小道，从而看到维持现状植根于自我保护的动机中时，她打破了当前文化中普遍存在的关于自我改变方式。这对她来说是件好事，因为那种改变方式，可能是无意的，也可能不是；让我们保持不变，并且在改变不是唯一合乎逻辑的解决方案时把它视为唯一的解决方案。

尊重维持现状

印度教中有一个专门的神司职保护，他就是毗湿奴——维护和保存之神。他边上坐的是湿婆和梵天，湿婆是毁灭和变化之神，梵天是世间的创造者。毗湿奴与另外两位神同为印度教三神，并被画成如广阔无垠的天空一样的蓝色，他的行为总是与其他神的行为相互平衡。

驱使你维持现状的力量，正是我们所有人的毗湿奴。它是你的自我保护机制，是确保你安全的力量，可以拯救你的生命，无论是身体上还是心理上。虽然这股力量不像那些能激发创造力的能量那样，它可能会引导你去做一些不那么令人兴奋的事情，而且经常会阻止你的成长，但它是你的一部分，值得被尊重。

这种关于维持现状的观点很难被接受。在面对确定的简单的解决方案和容易的修复方案时，这种基于信念的观点可能让人觉得比较差。更重要的是，当你站在维持现状的立场上时，你也会崇敬一些可能把你引向错误道路的东西。换句话说，仅仅因为维持现状具有保护性，并不意味着维持现状是一件好事。

维持现状的冲动来自你最善意的部分——你的自爱。就像所有的爱一样，维持现状很容易出错。想象一下你正在一个繁忙的十字路口，你匆匆忙忙从马路沿儿上走下来，没有留意迎面而来的车流。这时，一只手从后面伸过来，落在你的肩膀上，把你拉了回来。维持现状的力量很像这只保护你安全的手，让你免受像迎面而来的车流一样可怕的伤害。这股力量源自你想要保证生活的其他方面都安全的那一部分自己，是那个干着费力不讨好的活儿、照顾你衣食住行的那一部分自己。它让你打扫房间，让你的办公室整整齐齐，让你不会入不敷出，并且在你每次转换车道时按下转向灯。它不喜欢看到你受伤，所以它介入了。

维持现状背后的这种力量会犯很多错误，常常过早地给你施加压力，或者对风险做出过于夸张的反应。它总是在不必要的时候表现得很谨慎，经常在一看到失望或焦虑的迹象出现时，就会告诉你快跑。

于我而言，这种过分的谨慎，这种为了安全而夸大恐惧来麻痹行动的愿望，如果把它类比成我试图保护我所爱的人的方式，就会变得更容易理解。当我看到我爱的人犯了错误，焦虑地介入以确保他们安全时，我看到了自己在抵制改变时所犯错误的影子。大概爱就是爱，不管它是针对我所珍惜的人还是针对我自己，爱的行为总是会显得笨手笨脚。

我的儿子麦克斯今年 19 岁，正是恣意青春的年纪。有一次，他用手机给我发了一张他跟女朋友，还有他们的狗开车穿越加州沙漠的照片。照片里，他女朋友拿着手机伸出副驾驶车窗外，他们抬头看着镜头，咧着嘴笑。多么自由和幸福啊！我回复道："她的安全带没系上，你的眼睛也没看着路。"我确信儿子看到这句话时一定很受打击，这个回应绝不是他想要的，但我在照片里看到的却是危险。

像大多数父母一样，我生来就会去保护我的孩子。这也意味着我对他的保护常常太过分，与他的独立不相称。我犯的所有这些错误，这些最终会化为伤害他自尊的失望，都来自爱。对抗改变的抑制力就像我们的父母，它们具有保护性，不想让我们感到任何痛苦。有时我们会被这种保护所伤害，而这种保护在其他时候会救了我们。

就像日本的金缮工艺，用金和银将碎裂的陶瓷片粘起来，从而修复陶瓷作品，但那些裂缝会被保全下来，清晰可见。我们在维持现状中也能看到爱的残留，而那些地方也是破碎的地方。或者更准确地说，那正是我们破碎的地方。

帮助孩子的方法从来都不是完美的，帮助自己亦是如此。事情可能看起来比实际更危险；也有时它们比你想象得更危险。

很多时候，你认为无法实现的挑战其实是能实现的；有时事情又过于具有挑战性。在面对不确定时，保全自己的安全是一种"足够好"的做法。这种做法从来不会完美，但是没关系，爱本就不是完美的，它经常呈现出参差不齐和破碎的形状。

我们每个人都可以划出两栏，一栏是自我厌恶，另一栏是自爱。即使可能，我们也很难摆脱所有的批评，它们会在你的意识中产生一种无法抹去的羞愧感，无论这种羞愧感是强是弱。但是，如果你能认识到你不喜欢自己的一些地方实际上经常来自笨拙的自爱产生的焦虑，你就有可能把这些行为从前一栏移到后一栏。你越能这样做，你就越能给自己增加希望的驱动力和对自己的信念，而告诉你已经支离破碎、无法对自己生活负责任的抑制力也会变得越来越弱。

再想象一下你在路边，这一次，你抬头看了看红绿灯，马上要变绿灯了。你看着它，自己与车流完全同步，知道车流马上就要停下来了。你走到了马路上，但放在你肩上的一只手把你拉了回来。"你为什么这么做？我知道我在做什么！"你喊道。在那一刻，你憎恨限制你的力量。它的介入似乎否定了你的能力，阻碍了你前进的欲望，一切尽在你的掌控之中，而它的拉扯只会让你慢下来。你摆脱了那只手，快速地向前走，对抑制力感到愤怒，把它远远抛在身后。过了几个街区，你平静下来，开始思考这次猛拉背后的意图，而不是结果。你想：它真的想打压我的独立性吗？它只不过是担心我的安全，不是吗？在另一种情况下，它很可能救了我的命！你慢下来，希望它会赶上你。你没有抱有幻想，你知道它会再次做出让你生气的事情，但是你打算怎么办呢？你需要它。

当你决定做出改变，从你现在的位置跳到你想到达的位置时，你离一个充满不确定的深渊就更近一步，往下看是失望的风险和无力感引发的让你衰弱的感觉。你内心的"保护父母"不希望你太靠近深渊的边缘。它担心你，不想让你受伤。而这种担忧让它犯错：它让你慢了下来，扼杀你迈向改变的步伐，但你还是需要它。

你没有办法像外科手术那样精准地移除抑制力带来的错误，同时保留它保护你安全的所有方式。没有抑制力，你的生活中将没有任何危险的警告，你将在生活中遭受一次又一次的伤害。你的毗湿奴肯定会犯错，但这些错误与毫无制约的生活中的灾难相比就显得微不足道了。

当维持现状的抑制力压倒了改变的驱动力，导致你停止节食、取消健身会员、推迟意大利语课程或允许自己抽上一根烟——你常常处于失去对生活的掌控的危险之中。也有一些美好、自爱的原因来解释你为什么通过维持现状来保护自己，这些都是非常值得你深思的。

现在我想帮助你思考其中的十个原因。当你阅读下面的章节时，我要求你能慢些，别带太多负面评价，也许你可以带着一些幽默感，甚至是一点点宽恕，去看待想要依偎在现状织就的安全感中的那部分自己。记住要倾听抑制力的意图，而不是只关注它的破坏性影响。在它留下的疤痕中看到一点金子，或为它天蓝色的色调而惊叹。通过这种方法，你可能会考虑进行自我改变，也可能会导致你变得更想维持现状。无论你这一次是否改变，我向你保证，理解，甚至感激那只拉着你后退的手，会让你在冒险前进中处于最有利的位置。

维持现状的十大理由

第二部分

第六章

改变的机会成本和沉没成本

———————— · ————————

受到惊吓的个体再也无法忍受他的自我，他发疯似的努力摆脱，想要通过除掉这个负担来重新找回安全感，这个负担就是自我。

——埃里希·弗洛姆

某一天的早上5点左右，我在黑暗中醒来，打算写一下你现在正在读的这部分内容。我是被预设的手机闹铃吵醒的，但从床上下来这件事还得自己做。我知道自己睡不着了，但我依然赖在床上。我用手机翻看着新闻，浏览了一下电子邮件，然后告诉自己得从床上起来了，但我没动。我又拿起手机，查看我的银行账户，重新看了一眼我为即将到来的假期预订的酒店订单，读了几篇网上的文章，查看了一下我前一天发送的邮件。现在，我准备好下床了，但我还是没动。手机上一条关于比尔·奥莱利的新闻吸引了我，读完后，我恰好看到网页上制作干酪面包船的食谱。我怎么能错过这个？当我细读食谱时，开始有了一种越来越强烈的羞愧感，我告诉自己太堕落了。现在，我已经无法舒坦地躺在床上了，我变得焦躁不安，并且觉得有些无聊。我必须从床上下来，但我依然没动，已经快 6 点了。

最后，妻子实在受不了我手机屏幕上的亮光，她嘟囔道："麻烦你换个地方待吧。"我起来了，去厨房给自己冲了杯咖啡，打开电脑，在网上找人帮我们照顾宠物狗，又下载了一些我觉得对我写作有帮助的音乐，并再次浏览新闻，再次查看邮件，然后写了几封邮件。我一边吃着早餐，一边看电视新闻。早餐吃完，我看了眼厨房里的时钟，现在是 7 点 30 分，而 8 点 15 分我还得去准备今天的其他事情。于是，我终于开始写作了。除了写完现在这段，我还能再写两笔。

写作就像所有表达形式一样，是一种能让你感知到自我存在的行为，因为当我们写作时，我们实际上是在描述我们独特的内心世界。就像人们常说的那样——掏心掏肺。写作需要我们鼓起很大的勇气去面对孤独和责任，而拖延的那个早上，我显然没有勇气。自我改变同样需要这种勇气，就像我在前一章提到的那样，走向改变是一个感知自我存在的重要行为，而你实现改变的能力取决于你能在多大程度上视自己为命运的主宰。

换句话说，改变迫使你面对自由带来的不适甚至恐惧。如果你别无选择，只能直视着自己的孤独和责任，你可能会尽其所能地克服它们。但如果你有其他选择呢？比如一个容易到达又总是可以让你逃避自由的出口。

逃避自由

你可能曾经历过或在他人身上目睹到我今天早上在写作这件事上的拖沓。"逃避型作家"这种叫法可能略显老套，但我刚才说的并不仅仅是一个关于拖延的故事，因为我最后还是进行了写作并完成了一些段落。从更深的层次上来说，我在当时痛苦地认识到我肩负的责任及其引发的孤独，而为了在心理上掩盖这种责任，我又做了种种尝试。就这样，我对责任的认知和逃避责任的尝试纠缠在了一起。

除了舒适的棉被和想要多睡一会儿的愿望，还有什么原因让我赖在床上？我想是不愿意看到自己承担的在纸上写东西的责任。我挣扎着不去面对这种责任引发的种种感情：那张空白的纸，或那块灰色的电脑屏幕，将映照出我的孤独、寂寞，以及总是存在的、没能完成自我设定目标的可能性。是什么迫使我起床呢？是我的妻子。然而，当我在冰冷的客厅和厨房里的时候，仍然拒绝开始写作，又是什么推动我最后开始写作了呢？是时钟。换言之，当我向目标前进时，两次推动我前进的力量都来自外部，这种力量来自亲人的唠叨，而非自己的选择。起床不是我的选择，开始写作也是被迫的，因为我最后发现时间快要来不及了。我在写作这项处处昭示着"你要自己负责"的任务中掩盖了自己的能动性：这本来是我自己的选择，我自己想通过写作表达我独特的观点，没有老板用外部后果威胁我。

这些通常很微妙的欺骗，这些不动声色的小幻想，都是我常为自己表演的戏码中的一部分。而在这些欺骗和幻想中，我被强迫着去行动，就像一个受某种外力驱使而旋转的陀螺。

在多数时候对我们多数人而言，生活就是这样：我们只在有些时候真正地掌控人生，大部分时候我们都假装自己掌控不了，尽管我们其实是可以的。但是，当我们面对自我改变时，这些"假装"的戏码就停止了。

如果你不曾打量过自己的责任和孤独，你无法实现你想要实现的改变——尽管有时你只看到了一部分，并且经常对视野范围内的重大问题视而不见。因此，自我改变总是需要你鼓起勇气，以诚实而非自欺的态度行动，即使自欺总能为你提供一条诱人而简单的出路。

当你朝自我改变迈进时，自欺总会伴随左右，它会对你耳语，比如"你今天太累了，没法去健身了""不把厨房打扫干净，你便不能安心练吉他""其他人都在吃曲奇饼"。自欺用这些话语欺骗你，让你觉得自己是被迫采取行动，这一切都是为了避免让你认识到你才是生活的主宰，从而阻止你追寻想要完成的改变，或是让你放慢脚步。

萨特提出了一个非常能引起共鸣的术语，来描述你站在自欺立场上时所持的态度——严肃精神。当你采取严肃精神时，你把真正属于你的力量赋予了外部世界。就像《圣经》中"金牛犊"的故事，人们将个人的主观能动性转移到对另一件事物的神秘幻想中；就像迪士尼动画《魔法师的学徒》里，扫帚和烛台都有了自己的生命。就我自己而言，我认为严肃精神就像你对待排队的态度，你在队伍里等啊等，等着事情发生在你身上。当你告诉自己"等到明天再说"时，你就采取了严肃精神（关于严肃精神的一句经典格言就是"好事总是留给耐心等待的人"）。严肃精神要做的，就是让你保持自欺，从而把你留在现状里，就像把你留在没有尽头的队伍里那样，它做这一切都是为了隐藏你真正的能动性。

自欺如同在笔直平坦的林荫大道上怀着严肃精神开一辆自动驾驶的汽车，而诚实则是一场真实的巴哈1000越野拉力赛，在这场比赛中，你需要翻山越岭、握紧方向盘、换挡变速、踩足油门。这种在自欺与诚实间艰难的抉择，将影响所有维持现状的十大理由。但你对人生在世所拥有的自由的担忧，是前三大理由中普遍存在的要素。

理由一：维持现状让你不必直面你的孤独和责任

自我改变会让你直面孤独与责任。关于自我改变，有这样一个无法避免的事实：从你所处之地到你欲达之地的路上，是你自己，也只有你自己，在一步一步地行走着。这个事实本身就是一个不做出改变的绝佳理由。

想想你生命中的某个时刻，你想要完成某件事，并且确信完成它对你有好处。你是否感受到你的身体在与某种反对的力量相对抗，就像科幻小说里描述的那种半圆顶、透明、泡泡状的力场，而库尔特·勒温与柯克船长在里面相遇了。当我强迫自己去写作时，我就是这种感觉。在这个泡泡（浏览网页、不断查看邮件）里，我因远离了责任和孤独的危险而感到安全。但如果我要开始写作，我就必须跳出现状搭建的安全屏障，进入一种原始的、陌生的、一切都不如屏障里安全的环境中，并且冒险朝着我要为之负责任的前沿阵地进发。

在现状的泡泡里，生活是照本宣科式的、可预测的、具有强制性的。可能无聊、沉闷，但很安全，不用面对责任感引发的风险。在泡泡之外则是自由，而且必须诚实接受你是自己生活的主宰这一事实。泡泡有着诱人的舒适度。它是严肃的、标准化的、可知的，唯一的问题是，自我改变永远无法在泡泡里实现。富有创造力的行动、发明创造、游戏、乐趣、爱、激情、人与人之间的联结等，这些同样不会发生在泡泡里。你可以在梦中得到它们，在没有风险的泡泡里唱着"或许会……等到有一天……"的摇篮曲，但你无法付诸行动。

我们是如何进入这些泡泡的？又是什么让我们留在那里？从某种程度上讲，这是从我们自己的经历中习得的。我们周围的这种抑制力就像那些为防止狗狗进入前院而架设的电网，当狗狗进入前院时，它会被细小的电流电击，感到疼痛。同样，你也可以被失望引起的反复的焦虑感和无力感驯化（和约束）。如果你在试图走出泡泡时遭受过这种惊吓，那你就不太可能离开自欺的安全区。

正如我们从本书的第一部分学到的，太多的失望会让你对自己应对挑战的能力失去信心。如果缺乏自我效能，你会发现你特别难以忍受自己的主宰者身份。这样一来，努力实现你所渴望的改变在你眼中变得前景黯淡，你把它看成又一次证明自己支离破碎、让自己蒙羞的机会，又一次对你安全感的冲击或又一次无能为力的体验。如果你曾因遭受重大失望而受伤，你会对希望心怀忧虑，把它看成吸引你走向未来的失败的东西。然而，你需要希望，这种能量让你即使遭遇了困难和不确定性也依然保持前进，你需要希望来迫使你远离安全区，面对责任带给你的焦虑。

这里我要讲一个极端的例子，这个例子说明了当失望以一种戏剧化的方式降临时，存在焦虑是如何成为维持现状的主要动机的。

在我的一个项目中，有一位遭受严重焦虑和恐慌的客户，我们叫他吉姆吧。吉姆曾经相当成功，尽管他总为生活中的一些事情焦虑，但他还是在很大程度上感到满足，部分原因是他的婚姻很美满，他有一个可爱的妻子。吉姆后来遭受了一系列重创，使他陷入了困境。这一切始于吉姆开车送儿子参加足球训练那天，他们出了车祸，孩子受到了永久性创伤。儿子在医院休养期间，吉姆大部分时间都和妻子一起陪伴儿子。吉姆在一家大型软件公司做程序员，在看护儿子的这段时间里，吉姆没有薪酬。而当吉姆返回公司之后，他已经失去了价值，由于怀着巨大的内疚和担忧，吉姆无法集中精力工作。公司最后终止了跟他的合同。但是当儿子出院回家、一切回到正轨上后，吉姆发现自己很难再迈出家门寻找工作了。他为儿子和全家人的安全忧心忡忡，总觉得一旦他离开家，家人就被置于危险之中，所以他几乎不出家门。在拖欠了 6 个月的房屋抵押贷款后，吉姆家的房子被取消赎回权并被拍卖了。

　　吉姆一家搬到镇上一间小公寓的那天，吉姆失踪了。警察找到他时，他正试图自杀，于是吉姆被送进了精神病院。吉姆的妻子一直压抑着她对车祸事件的愤怒，但现在她再也忍不住了，她同样无法忍受吉姆作为伴侣在婚姻中表现出的不负责任的行为。她在精神病院里和吉姆见了一面，提出分居。当吉姆出院时，我把他转到了我的项目里，而他也搬进了他父母的房子。

　　我们尝试了许多方式治疗吉姆的过度焦虑。除了药物治疗，我们还尝试了认知行为治疗、心理治疗、艺术治疗、冥想和职业帮助。吉姆在治疗期间会认真听取我们的建议，但在一天中他最为焦虑的时刻，却很少能使用他学到的技能。于是吉姆自己提出了一种不同的方法来缓解他的症状：他让我们定时给他打电话，为他提供支持。我们的项目提供 24 小时电话热线，所以我们告诉吉姆，他不用非得把打电话的机会留到危机出现的时候，只要他想找人倾诉，他可以随时拨通电话。但这种"随时"的支持并没有让吉姆满意。他认为，在一天中他最容易感到恐慌的时候定时打电话给他会更有帮助。

吉姆说，他最焦虑的时候通常是在傍晚，他特别希望我们在那个时候给他打电话。当吉姆提出这个计划时，我们建议在每一次打电话时帮助他使用他在治疗中学到的技能。但吉姆否定了这个建议，他告诉我们："我所需要的只是一个小小的提醒，提醒我在一天结束的时候一切正常。"

我认为吉姆的情况是这样的：如果吉姆独自运用他学到的心理技能、在需要的时候主动寻求帮助（而不是安排好的定时电话），那么他会觉得自己是一个肩负着一定责任的人。如果他使用了那些技能，他会觉得自己是独自一人在做这些事。而吉姆不相信自己能很好地管控自己的行为。在经历了车祸及随之而来的身体机能失调后，吉姆感到了一种强烈的无能为力的感觉。如果吉姆向我们寻求帮助，那他将亲眼看见自己作为一个独立和负责的人主动求助。这也将是他无法忍受的，因为这会提醒他要为自己孩子遭受的严重伤害负责。吉姆无法忍受上述种种情况所引发的责任感。这些定时电话既能让他联系上我们，又可以避免让他体会到他的孤独以及他需要并且有能力主宰自己的人生。只要我们在特定时间给他打电话，他就能感受到他是在指示下行动，而非主动采取行动。换言之，吉姆秘密地导演了一出戏，他用这出戏安抚自己，在戏中，他的角色是一个被动承受者，被动地接受着他人的指示。

我把这种行为称为"主动无能"。虽然在吉姆设定的场景中，他是一个被动者，但他却主动提出了方案。然而，吉姆的提议非常反常：他提议我们把他当作被动的、没有任何能动性的人来对待并跟他互动。此外，吉姆太过恐惧责任，以至于他无法对我们的治疗手段进行消化。他会参与治疗，但他不会使用所学的东西，因为运用新技能和新知识意味着他必须认识到他要对自己的改变负责，而这将不可避免地引发孤独感和责任感。尽管他的提议能为他带来安全感，但这将会让他的人生变得空洞。

吉姆的困境和他提出的富有严肃精神的解决方案，是用以阐释"维持现状的第一大理由"的一个极端例子。但吉姆并不是唯一会试图否认自己责任的人。当面对自我改变时，我们都曾经在自欺的诱惑和真实的危险之间左右挣扎。

我的办公室很乱，这常常让我难为情。我一直打算把它收拾整洁，但很少行动。收拾办公室能让我拥有更良好的自我感觉，让我不再因为杂乱无章而感到难为情，还可以让我从此轻松找到手机充电器、墨盒、最喜欢的笔，我的生活会变得更容易。我不收拾办公室的一个原因和吉姆很像：如果办公室乱着，我就是被动的。像吉姆一样，我觉得如果保持被动，就可以等着别人来进行干涉。我知道这听起来一定很奇怪，但不知为何，当我怀抱着"有人会帮我收拾残局"的希望时，我得到了一丝反常的慰藉。心理学家们将这种行为称为"愿望实现"；在这一刻我感到某种程度的满足，因为我的愿望就要实现了，这个愿望就是当我被动地坐着时，会有人为我服务、关心我。若非神迹降临，这个愿望肯定不会实现，但这个等待的过程很美好。另一方面，如果我收拾了办公室，我就会打破等待的魔咒，并看到自己的责任和孤独。

那只是一间凌乱的办公室，和存在焦虑又有什么关系呢？你可能会这么想。如果你这么想了，那我不得不承认，当我把这个关于办公室的情景讲给你时，我自己也觉得有点尴尬，仿佛我把芝麻大小的事说得天大。但事实就是，我真的很想有一个干净整洁的办公室，而总有什么东西在妨碍我。如果我停下来，让我的好奇心去寻找到底是什么在妨碍我，我的思想就会停留在那个无形却非常真实的障碍物上，它被孤独感包裹着。此外，（到目前为止）你对我的了解还不够多，所以你无法理解我所经历的失望是如何与我身上杂乱无章的缺点纠缠在一起的。事实上，从办公室这个场景中，还有许多信息可以获取。

其实，我不去收拾办公室还有一个原因：一间杂乱的办公室能把我固定在自欺中，让我在生活的其他方面遇到"自由的眩晕感"时依旧保持稳定。即使我成功地完成了其他任务，我的生活中仍旧有一件未竟之事，那就是这间凌乱的办公室。这是我自己给自己制造的负担，以避免自己感觉太自由、太没有负担。我为自己制造出一种"我是被约束着"的感觉，这种感觉像一块压舱石，让我不必完全意识到是我自己在掌控生活，我要对自己的生活负责。

从更大的角度来看，这么做很糟糕吗？那要看情况了。有时混乱会导致分神。我进入办公室想要写作时，会觉得自己有必要在动笔前把办公室收拾干净。于是我开始打扫，却因为发现了一本书而分散了注意力，我原以为那本书早就丢了呢；或者我被一个文件夹吸引，那里装着我儿子小学时的艺术作品。就这样，时间飞逝，进展却很缓慢，等我回过神儿来，天啊，我快没时间写作了，而且我也没怎么打扫办公室。我被周围那些吸引人的小玩意儿分散了注意力，根本就无法好好收拾，我似乎给自己设定了一个《土拨鼠之日》中那样的场景，在这个场景里，我最后永远会回到同一间乱糟糟的办公室。似乎我内心的自欺给我创造了一个复杂的迷宫，让我无法沿着自己选择的道路展开冒险。

然而有时候，凌乱的办公室和其他所有未完成的任务能让我在接受风险更大的任务时脚踏实地。我有一本书要写，有一场演讲要准备，还有妻子需要我的陪伴。如果凌乱的办公室给我带来一点点负担，那么我就可以在其他时候体验我的自由，不必为过于自由而感到焦虑。毕竟，实事求是地看，一个凌乱的办公室也不是什么大不了的灾难。

制作波斯地毯的人总是在他们的作品里加入一点缺陷。这种不完美的完美、不精确的精确根植于这样一种信念中，那就是只有上帝是完美的。有时，我的办公室让我分心，这是一种不完美，让我无法为生活织就更多有意义的图案。但在其他时候，它让我保持谦逊、脚踏实地，它提醒我，尽管我有能力，而且已经实现了一些重要目标，但我仍可能是那个办公室脏乱的笨蛋。世界是为我创造的，但我也是其中的一粒尘埃。

在一项任务中维持现状可能会给你提供一种安全感，认识到这点是件好事，它让你敢于在另一项任务中冒险。你是不完美的，但没关系，这我可以向你保证——你不可能完全对诚实的状态保持掌控。一点点自欺毁不了你。保留一点自欺甚至有好处；它能成为一个让你足够稳定从而得以冒险前进的锚。至少在我的生活中是这样的。

我相信，如果你真的想要改变，你需要随时准备好自欺的锚。当你想要朝着改变进发时，脑中可能是这样一幅画面：远方有一个终点站港口，未来会有那么一刻，你将克服陋习，减肥成功，到达职业生涯的新高度。实现改变之后，你只需要在平静的浅水湾里轻轻摇摆，在成就感中停泊，你将会感到满意而安全，再没有其他挑战需要面对，但现实不是这样的。我不喜欢在你漂浮的船上钻一些非常大的洞，但事实是，每当你改变的时候，你实际上是在提出新的前景和更有挑战性的航行计划。不可避免的是，这一刻的改变会在以后产生更大的责任，也牵扯出维持现状的第二大理由。

理由二：维持现状让你不必为接下来要做的事情承担责任

你做出的每一个改变都印证了你要对未来的生活负责。换句话说，你改变得越多，就越会看到，未来的改变就在你的能力范围内。

改变会激励你不止步于某一项成就，使你不断要求更多改变，并让你对下一步能做什么怀有更高期望。每次改变的时候，你内心谨慎的、倾向于维持现状的部分就会认为：如果我减掉几公斤，我肯定还会想再多减几公斤。如果我最终减到了理想的体重，那我就会精力充沛地追求其他目标。如果我实现了这些目标，我的信心就会增强，就会想冒更大的风险。终有一天，我会让自己失望，而一切都将随之崩溃。

害怕自己的一个变化将增加其他风险，这种担忧并非不合理。有趣的是，相比于待在"现状码头"上，当你去尝试更多改变时，你撞上"失望冰山"的风险肯定更高。

你在自己梦想的职业生涯中找到了一份工作，在这份工作中表现很好。你有能力，有责任心，你的信心随着每一次出色的绩效考核而不断增长，这种自信让你看到了从现在的职位往上晋升的可能性，它还让你看到可能想要在生活中冒的其他风险。现在，你失败的可能性已经成倍增加，一同增加的还有你可能要为这些失败承担的责任。

当你在选定的职业中得到第一份工作时，就预见到了这一切。你知道将永远面对这个问题——接下来会怎样。从第一份工作展现出的优势来看，并没有证据表明你能在未来的职业生涯中应对所有的挑战，你对自己可能拥有更多的自由而感到恐惧。所以当你开始职业生涯时，需要很大的勇气，因为你知道自己将要面临许许多多个"接下来会怎样"不确定的变数。

对"接下来会怎样"这一问题的担忧，并不只在规划职业生涯这样艰难的时刻才会影响你。它总是存在，即使是在最微不足道的自我改变中。我的朋友安就是这样一个例子。

有一天喝咖啡的时候，安提到她计划去墨西哥旅行，想提前学点西班牙语。"但我连朝着这个目标迈出一步都做不到。"她这样跟我说。

"为什么你会这么想？"

"我不知道。我真的很想学西班牙语，但之后我就停滞不前了。"

"我明白那种感觉，是什么在阻止你？"

"我要是知道的话，我现在就能讲一口流利的西班牙语了。但我觉得是'使用西班牙语'这件事在阻止我。我的意思是，我不介意学习西班牙语，但如果我真的擅长它了，我就要在旅行中使用它，那种感觉有点可怕。"

"是的。"

"我希望自己还在大学里，而西班牙语是一门预科课程。这样我不仅必须要学它，还可以不必把我学到的东西真的用于实践。我知道这听起来有点怪，但我就是这么认为的，我不想背负在旅途中使用西班牙语的压力。"

有两件事情阻止了安去学习西班牙语。首先，很明显，是她与自由之间的争斗。她希望有人要求她学习西班牙语，因为她无法忍受自己是主动选择去学的这一想法。但还有别的东西在阻止她。安不想学西班牙语，因为她害怕学西班牙语会增加另一个目标出现的可能性，以及随着新目标一同出现的失败的可能性，那就是在一个以西班牙语为母语的国家真正地使用这门语言。

踏上改变之路，意味着未来的挑战就在你面前，这些挑战将给你的能力带来越来越多的考验。这条路不仅充满了你将继续为实现其他目标而负责的可能性，而且还充满了不确定性带来的威胁。你踏上了这条路，却不知道路的终点在哪里。改变总会把你带向未知的体验，这个想法导致了维持现状的第三大理由。

理由三：维持现状让你不必面对未知

通过在生活中做出改变，你将面对生活中未知的可能性。因此，你不仅要应对指数级增长的挑战，还要面对一个不可预测的世界，以及大量不可预测的、潜在的失望体验。

在面对不确定性时，自我改变存在两个相互关联的基本风险，第一个风险是离开可预测性提供的安全感，进入充满挑战的未知世界，而第二个风险则与更宏大的存在问题相关，这些问题牵扯到我们生活的目的和意义。

"探险"和"冒险"这两个词听起来说得好像是一回事，但它们实际上相互对立。在自我改变中，这两个词构成了一组"阴阳"的关系。探险是说有东西会出现在你面前：当你踏入未知时，你的世界里会增加一些东西。冒险则是指你踏入未知时，存在失去某些东西的可能性。当你向自我改变进发时，你是在对一个你生活中虚幻的、无法完全预测的变化展开探险，但同时你也在冒险，冒着未知的风险和旅程结束时损失可能大于收益的风险。问题是，不到最后成功或失败的那一刻，你是不会知道你能否得到自己想要的东西的。事实就是这样：你无法知道任何关于自我改变这场探险的结果，直到你冒险完成了你的计划。

前几天，我帮儿子麦克斯为他即将在国外大学度过的新学期做准备时，想起了这一事实。

"我还没准备好呢，爸。"距离去欧洲的日子还有两天时，麦克斯这样告诉我。

"你当然准备好了。"我说，"你完完全全准备好了。"

"没有，我没准备好，我跟你说了还没准备好。"

"你会喜欢那里的，一切都会很顺利。"

"爸，你没明白。我还没准备好。"

在两天的等待和准备的时间里，我们总是时不时地回到这个话题上。麦克斯不断告诉我，他还没有准备好迎接下一个挑战，而我则不断向他保证，他已经做好了充分的准备，完全有能力应对接下来的挑战。我迫切地想让他感受到我对他的信心，让他看到爱他的人相信他，并对他抱有坚定的信念。但有一个我没有说出来却又无法避免的事实是，我其实不知道他是不是真的准备好了。我怎么确定他能应付得了接下来的挑战呢？我过去几年收集到的大部分证据让我相信，他确实有能力离开女友、父母、宠物狗去迎接新的挑战。但只有等到他"冒险"回来后，我才能知道他是否为这次"冒险"做足了准备。

"我真的还没准备好，爸。"他这样说时，我们正坐在机场售票处附近的长椅上，脚边放着他的背包和手提箱，他的妈妈和女朋友去给他买咖啡了。我不知道还能对他说些什么，所以决定实话实说：

"你确实没有。"

"什么？"

"没人准备得好。"

"你现在跟我说这个？"

"没人准备得好，麦克斯，今天出发的孩子里，没人是准备好了的。"

"你吓着我了，你究竟想跟我说什么？"

"我想那种还没准备好的感觉，正是你现在该有的感觉。"

"拜托！你这话一点儿用都没有。"

"好吧，我想说的是，每当你去尝试一件全新的、有挑战的事情时，你一定会感到还没准备好。当人们需要冒一定风险时，没人会觉得自己准备好了。"

麦克斯平静了一些，对我也没那么恼火了，我们都尽力了。他的女朋友回来后递给他一杯咖啡，和我妻子在他的两侧坐下，把我挤到了一边。她们以一种我不曾做到过的方式安慰着他。当我们默默地等着说再见时，我感到一阵后悔，因为我没有从一开始就对我儿子说实话。我的所有保证丝毫没起作用，就像我说的，麦克斯可以觉得自己没准备好。

麦克斯抱怨自己没有准备好说明他缺乏信心，他不相信自己能够承担风险，而沉浸在抱怨中则意味着他看不到自己将要开启一场怎样的探险之旅。当我告诉麦克斯他已经准备好了的时候，我在某种程度上欺骗了他，我以为是在鼓励他，好像通过强调我对他抱有信念就可以把他空荡荡的"信心油箱"加满油似的。但我的说辞对他毫无意义，因为他完全有权利拥有这种感觉。事实上，我的做法只是增加了他的焦虑，因为他的两个主要监护人之一对他真正面临的困境表现得满不在乎。

麦克斯不需要我的鼓励，他需要一些能指导他实践的建议。如果我从一开始就告诉他那种还没准备好的感觉正是该有的感觉，那我就可以向他传达出这样一条真实的信息，就是我相信他能够处理好这种感觉，并且接受没有做好准备的感觉是不可避免的。但我没有这样做，我只是紧紧地，甚至狠狠地抓住他的胳膊，跑向最近的出口，带他逃离我们面前那可怕的不确定感，我的保证更像是在安慰自己，而非麦克斯。

换言之，我的孩子正跌跌撞撞、缺乏安全感，我疯狂地想要保护他，我希望自己能变个戏法，念咒似的说一句"你完完全全准备好了"之后，麦克斯的焦虑感就消失了。但像所有戏法那样，我的尝试对麦克斯来说是假的。更糟糕的是，在面对未知的时候，那些安慰的话只会让人觉得我们双方怀抱的信念都处在危机之中。

未知不会变成已知，与你的自由有关的一切都是未知的。如果你秉持严肃精神，那你的未来就会像热门店铺的长队一样。在这条长队里，永远轮不到你买，但你会获得一种可以买的安全感。维持现状让你有权排在这没有尽头的队里，而如果进行改变的话，你将失去你在队伍里的位置。

记住，你恐惧希望，是因为你在跟你对自己和周围世界的信念作斗争。而且，这种斗争越激烈，你就越想限制对可能发生在你面前的好事的看法，同时抑制自己的整体时间洞察力。严肃精神恰好把你放到了受限的、狭隘的时间体验中。你被困在过去和未来之间，不知道接下来会发生什么，而且你会认为接下来会发生的事情之所以发生，是由于一种你无法控制的力量。然后，对希望的恐惧会点燃你心中那些反事实假设，那些"如果……会怎样"的疑问，它们同样使你寸步难行。当你专注于过去和未来之间的不安体验时，你会想到各种各样由自己或别人造成的事件，你会去想它们本可以让你的生活有所不同。即使你可能因错失机会而自责，但为了更美好的今天而错失的机会和结果就漂浮在那里，用以解释你为什么要排队，而不是走向未来：如果我当初这么做或那么做，我现在应该自由了，但我没有。

小说家亨利·詹姆斯曾写道："在尝试之前，你不知道自己做不了什么。"我相信詹姆斯说这话的意思是在诱导你去尝试，类似于"不试不知道"这种意思。但这些建议实际上指出了一些相当深刻的东西，这些东西可能会让你和改变之间产生冲突。"只有试了你才知道自己做不了什么"这个观点意味着你所计划的改变是没有保障的。当你深吸一口气，跳进不确定的世界时，你不知道会发生什么。事实上，做计划和预测往往就是为了让这些可能发生的事情推迟到来。你的信念——那股在未知的结果面前依然推动你前进的力量——将会助力你放手一搏。在风险面前，希望给予你下定决心的力量。

　　下定决心意味着承诺，你要做出一个不会违背的诺言。改变总是要求你承诺你将从一个地方前往另一个地方，但这并不等于它也会向你承诺你将取得与你的努力相配的成果。因此，自我改变是一份"不平等协议"：你签了一份"合同"，承诺将朝着一个新方向前进，但"合同"里却没有任何关于结局的承诺。

　　当你计划改变一些小的行为时，比如减肥或放弃一些习惯，做出改变这一决定就已经相当困难了，毕竟这意味着你要在没有任何保证的情况下下定决心。当你面对的是那些难以撤销或涉及重大调整的改变时，比如独自去国外生活一个学期，改变的决定对你而言将变得更加困难和风险重重。而当你寻求的改变涉及成就感和人生意义这种问题时，比如开始一项事业或开始一段新的感情、辞去一份不称心的工作或结束一段感情，这种时候，改变的承诺在你看来就更可怕了。在这类改变中，当你追求的意义、目的和情感上的联结遇上风险时，你要下的赌注是非常高的。全身心地投入爱和工作中意味着你付出的努力是艰辛的，从尝试到获得之间的时间是漫长的，而希望引发的无法避免的紧张感——你觉得自己缺少某种需要的东西，并想要得到它的感觉将牢牢地占据着你的内心。

未知与决心深入下去的风险

回到那个关于职业生涯的例子上，你在梦想的职业道路上开始了一份新工作。这是一份小而平凡的工作，但它是通往你所渴望的职业生涯目标的垫脚石。即使它带给你的成就感有限，你还是坚持了下来并做得很好。从这里开始，你向着更有挑战性的岗位进发。你还没有达到自己所憧憬的事业的顶峰，每天的工作依然远不能令你满意，但是你已经在接近目标了。然后，你终于得到了那个标志着目标完成的岗位。你现在已经完全站在事业的顶峰了……而你，恨这一切。

你费了好大劲才搬进角落那间宽敞的办公室，结果却发现它并不适合你。这份工作每天实际要做的事并没有像你预期的那样让你感到满足，它不符合你的价值观，也没有什么让你感到满足的事情发生。

在你刚起步的时候，你不知道你选择的职业道路是否适合自己。所以在那时，你要冒着"不试不知道"的巨大风险去下定决心，而且还要时时刻刻保证自己继续尝试，即使你一直以来都觉得你的工作毫无意义。但是现在，经过了那么多年，经过了那么多努力的尝试，你终于到达了这个唯一能告诉你是否值得的地方，而答案令人非常失望。

就拿上面的故事当作模板，把其他东西填进去，比如把职业生涯替换成潜在的伴侣，你会得到同样的结论。你遇到了一位梦想中的伴侣，你们开始约会。事情的进展并不十分激动人心，但也还不错。你觉得这段关系有戏，有充足的理由让你想要迈出下一步，于是你下定决心，暗自下定决心会对你的对象一心一意。你希望自己冒险做出的决定会让你们在感情上更进一步，让彼此充满爱和甜蜜。你全身心地投入这段感情中。当你们在一起时，你们之间仍会有一种模糊的距离感。你担心你们之间可能缺乏某种实际的联结。另一方面，你们的关系表面上进展不错，相处得很愉悦，而且你从中获得了许多乐趣。你们感觉很般配，而且这段关系还有许多潜力可供挖掘。你最终下定决心，步入婚姻的殿堂。10年后，你已经拥有了一切：一个体贴的伴侣、一栋郊区的房子、时不时放松的假期、很多的朋友……而你，恨这一切。

这么多年过去了，你一直在敞开心扉，一次又一次地尝试，你终于到达了这个唯一能告诉你"你所做的决定是否正确"的地方，可答案令人非常失望。

当你冒险踏上通往顶峰的道路时，你只有在到达顶峰时才会知道这一切是否值得，对于任何选择来说，不管它是大是小，这一点都是毋庸置疑的。但是，当你为了获得更深层次的体验而不得不做出关系到整个人生的改变时，例如事业和爱情方面的选择，这种风险将会让人难以承受。这种决定取决于目标所能提供的人生体验的深度，它们之所以比较难做，一方面和你为了实现更大目标而投入的时间精力有关，另一方面和"如果没有得到你想要的一切，你将失去什么"这一问题有关。下决心的风险在于你可能会失去你所珍视的东西，你处理风险的能力，以及依据风险对生活做出改变的能力，与你的"损失厌恶"有很大关系。

"损失厌恶"与平行宇宙中的未知

你下定的所有决心都会触发两个问题：这个选择是正确的吗？如果我选了这个，其他那些没选的选项是怎样的？这两个问题都与损失有关。

你在奇利斯美式餐厅或星期五餐厅，仔细看着他们的大菜单，尽量挑选着最合适的餐点。服务员来了，你微微有些恐慌，想吃法士达（墨西哥铁板烤肉配卷饼），但又担心这是一个错误的选择，你觉得菜端上来后，吃了一口可能会不喜欢。服务员手里拿着笔，正准备记下你的餐点，而两个无法回答的问题此时却在你的脑海里打转：今晚选择吃法士达真的正确吗？如果我选择了法士达，菜单上我没选的那些餐点中还有哪些会更令我满意？

你在担心损失，一顿美味晚餐的损害，以及其他那些你本来可以选择的选项的损失。矛盾的是，你之所以如此担心这些损失，是因为那张菜单提供了大量的机会。换句话说，可选择的太多束缚了你，让你心烦意乱。这一事实不仅仅是存在主义哲学思考的产物，它还存在于每个人的精神属性中，而且完全是建立在数学的基础上的。

和动物一样，相比于所得，人类更在乎所失。这是"损失厌恶"理论的结论，该理论由诺贝尔奖得主丹尼尔·卡尼曼和他的合作者阿莫斯·特沃斯基共同提出。他们的研究表明，赢100 美元带给我们的吸引力和我们对输 100 美元的排斥感，前者只有后者的一半。这种感觉在各种情境中都会出现。你对损失的厌恶，以及"对损失的厌恶远强于对收益的吸引"这一事实，从进化的角度讲是说得通的。那些将更多精力用于保护自己不受损失，而非用于寻找机会的有机体，有更大可能生存下来。

"损失厌恶"解释了那张巨大的菜单引发的问题。菜单为你提供了各种各样的机会，但这些机会可能也是损失。其中的数学原理是这样的：假设你在一家高档餐厅用餐，菜单上只有两道菜。选择其中一道，有 50% 的可能性是错误选项。现在，我们再回到奇利斯美式餐厅或星期五餐厅，他们的菜单很大，上面有 100 个选项，然而，你看到的既有选项，也有 99% 做出错误决定的可能。你所选的餐点很有可能不是"绝对正确"的，而且无论你做何选择都意味着你将失去品尝菜单上其他所有食物的机会。

选择的丰富性会给你带来压力，因为它既提高了你做出错误选择的可能性，又增加了风险，让你错过更多选择的机会。这就是为什么人们成群结队地去"吃破天"（美国的墨西哥风味连锁快餐厅）那种地方，因为在那里他们可以通过挑选他们想要的墨西哥卷饼馅料来对冲他们的赌注。这就是为什么人们喜欢吃自助餐，因为吃自助让他们不会错过任何机会：每一样都能尝一尝。这就是为什么当我们的信念受到伤害时，我们会陷入反事实假设思维：当我们面对选择自由时，我们不相信自己会做出正确的选择并采取行动。

心理学家巴里·施瓦茨在《选择的悖论：用心理学解读人的经济行为》一书中用"损失厌恶"的概念来解释一个看似矛盾的事实：作为美国的消费者，我们有无数的选择，但与消费者选择较少的国家相比，我们的幸福感却相当低。施瓦茨对此做了一个生动的观察，这对我们的论点很重要，他观察了美国一些试图对抗这种趋势的运动，这些运动通过限制选择，让人们把注意力放在与个人价值和目标相关的重要问题上，以帮助人们增加他们的幸福感。施瓦茨在书中写道："关注我们自己的需要，专注于我们想要做的事情，这对我来说并不能解决选择太多这一问题。"换句话说，停止你对晚餐吃沙拉还是牛排的担忧，专注于找出你可能会感到满意的选项，并不能减少选择带来的焦虑；这么做反而会增加这种焦虑。

无论菜单有多大，它终究是有限的。而在另一方面，你能在生活中找到让你感到满足的选项，比如符合自己价值观的事物、让自己感到有意义的事物、带给你目标感的事物、让你产生联结感的事物，它们却是无限的。如果你觉得自己在某一个关于自我改变的选择上犯了错，你的大脑很可能会转而去回顾所有那些你本可以做的选择。这样，你就陷入了反事实假设中。同时，你也可能在考虑自己面前的选择时无所适从，这是一种关于未来的反事实假设：你会在反复思考下一个决定时陷入"如果……怎么办"的一系列疑问中。

再回想一下你下定决心开始一段感情时的情景。是什么让你止步不前？第一个疑问是，你和伴侣真的般配吗？你看到了他们所有的缺点，所有让你生气的地方，你会想：这个人真的会让我的生活变得更美好吗？如果你对婚姻对象的选择很有限，比如你生活在一个小村庄里，或者对象都靠其他人介绍，那些"你是否找到了完美伴侣"的问题就没什么大不了。但是在这个互联网的时代，你的选择几乎可以说是无穷的，所以你永远不会知道自己是否做出了正确的选择。

第二个相关的问题涉及所有那些你即将失去的机会。某个还未进入你视野的人可能就是你的"真命天子"。如果你选择了眼前人，你可能会因此错过自己命中注定要遇到的那个人。这就是矛盾的地方，当你在事业和爱情中寻找独一无二的完美选项时，你经历的焦虑感与摆在你面前其他选择的数量直接相关。

在你的脑海里，自我改变就是一个关于平行宇宙的游戏，在这些科幻小说描述的平行世界里，你有无数种人生，每一种人生都是你在不同时刻的不同选择造就的。选择热气腾腾的墨西哥美食并不是什么大不了的事情，但如果是选择一位伴侣，那事情就严肃起来了。选择奇利斯美式餐厅菜单上的餐点和选择改变自我、探索更深刻的人生，这二者之所以不同，与我们下的赌注有关。

当你下定决心去实现更深刻、更有意义的人生时，赌注是很高的。证明这一观点的方法之一就是模拟未来可能出现的情况：如果我的另一半想搬到其他州怎么办？如果我们在培养孩子这件事上出现了分歧怎么办？如果我的另一半在健身房遇到了真爱而跟我分手怎么办？但是你只能想到这么远，而且这么想也解决不了什么。当你试图在阅读故事之前就跳到故事的结尾，痴迷于追踪想象每一个可能发生的场景，列出许多可能存在的平行宇宙，你或许会发现自己陷入了无尽的循环。你永远不可能得到所有的数据，永远不可能预见所有的结果，于是在某一时刻，你还是要依靠信念赌上一把。自由越多，你对自己的决定就越合手不定，因此你就越要依靠自己的直觉。

如今，"害怕承诺"这个词语经常出现，它最常被用于描述人际关系中的问题："那个弗雷德，安定不下来，因为他害怕承诺。"许下承诺像是你对自己渴望已久的东西进行重要投资，而你并不知道把所有鸡蛋都放在这个篮子里是否正确。你越是害怕承诺并跳进那个未知世界，你的选择越多，你也就越看重自己想要得到的东西。对我们以格式塔为导向的大脑（它喜欢连续性，喜欢问题得到解决）来说，大手笔的投资和不可知的结果之间存在的差距将会引发许多焦虑。这些焦虑并不是神经质的表现，它是我们身处这样的困境时该有的最准确的感觉。

当你下定决心并最终得到你想要的一切时，这很好，这风险冒得值。但是，当你的决心以失望告终时，你就面临一个新的困境，同时，你诚实行事的意愿也将受到真正的考验：你是否会尝试通过继续前进来弥补损失，还是会彻底变更路线？换句话说，这个问题是这样的，你是否想要继续为你所做的选择投资，尽管你已经损失了所有的钱——也就是把钱砸进无底洞？

巨大的失望、未知以及沉没成本

把你天性中的"损失厌恶"和人类大脑让事物完整的倾向结合起来，你会倾向于在损失越多的事物上投资更多。当你坚持做着自己讨厌的工作或坚持维系让你痛苦的婚姻时，你是在试着扭亏为盈。经济学家将这种扭亏为盈的倾向称为"沉没成本误区"，社会学家则把它称为"恶性增资"或"承诺偏差"。它很有吸引力，尤其是当你尝试让人生更有深度却失败了的时候。你试图在这些方面做出改变却以失败告终时，还有一个因素会让你内心的会计师疯狂地想要挽回损失——生命有限。

在未知面前，信念和希望共同结出的果实让你带着勇气和脆弱投身于你所下定的决心，你可能觉得花在上面的时间被浪费掉了。相比于刚起步时所处的位置，你在追梦上花的时间让你处在了一个更接近生命终点的地方。时间至关重要，赌注变得比以往任何时候都高，这时候，要么干下去，要么死翘翘。

所以你会怎么做？再一次站在一个选择面前，这个选择只有可能带你找到你所寻求的人生深度和意义。你对反复跳入未知感到恐惧，而且这种恐惧比以前更强烈。你知道你需要跳下去，去承担另一个风险，跟随你的直觉，把上次的失败抛诸脑后。但你也知道，上一次你尽了最大努力却以错误告终，这个错误耽误了你几年时间。你自己是指引你人生的信息来源，现在你对自己这个信息源怀抱的信念受到了伤害，变得千疮百孔，而此刻正是你最需要信念的时候，因为你需要大胆地投入修正错误的长期投资中，但这笔投资并不保证你付出的努力、感情和不断缩短的时间会得到回报。这一切让你的所处之地和欲达之地之间的紧张关系变得更加令人难以忍受。

这个选择使你焦虑不安，你向你的老朋友求助，自欺及其他背后的动因——严肃精神。它们一直在那里，等着你的电话。它们知道，一旦你在那个要对自己人生负责的世界里活得太过艰难，你一定会联系它们。关于你那不幸福、令人疲惫的婚姻，它们告诉你："你要遵守'我愿意'的诺言。""等着瞧吧，情况会好起来的。"关于你那陷入死胡同的职业生涯，它们劝你："坚持下去，好事发生在那些耐心等待的人身上。"它们确实解决了你眼前的问题——日夜萦绕的焦虑感。它们让你平静下来，假装让你远离空虚的生活，保护你远离损失成本带来的绝望，以及"尝试、尝试、再尝试"的痛苦经历。然后它们慢慢地放下呼吸面罩，让你麻醉，再也感受不到现实中无法忍受的痛苦。

当然，事情并非一定会这样发展。但跳入不确定性比维持现状需要更多毅力和努力。下面是我认识的一个人的故事，他找到了正确的咒语，帮助他跳入未知和不确定性中。

我曾经的同事萨姆，绝对是那种害怕下决心、害怕承诺的人。他每个周末都出去约会，但只要暧昧变得正经了，他就会迅速抽身离开。后来，萨姆开始感到孤独，他想要一段稳定的感情，这件事困扰着他，常常让他不安，内心满是焦虑和烦躁。为了找到合适的对象，萨姆尝试了各种各样的手段和方法，从约会软件、约会服务到各种速配活动和单身活动。

萨姆经常来我的办公室转转，告诉我他即将在约会方面开展怎样新的冒险。通常情况下，他会对自己要尝试的下一个事物表示兴奋，然后对最新的方法并没有奏效而表示失望。在我看来，萨姆就像一个狂热地想要在某些需要深入研究的事情上寻求帮助的人，也就是说，他不愿与某人真正地建立亲密关系，而这正是他寻找伴侣的障碍所在。我觉得自己不应该指手画脚，所以大部分的时间里都保持沉默。

有一天，萨姆告诉我他要参加一个单身人士即兴表演班，我像往常一样，一边点头一边鼓励他，尽管我心里犯着嘀咕。我看到过这类课程的简介，它们看上去很有趣，但有些神神道道，而且很可能会掏空你的腰包。

然而，自从萨姆上了即兴表演班，他再也没来办公室跟我汇报过他约会失败的经历。他爱上了这个课程。在工作间隙，他会"扑通"一下坐到我的沙发上，告诉我课程进展如何。

"关键在于好的／然后。"他告诉我。

"好的／然后"，这是即兴表演的格言，也是基本原则。举个例子，你对我说："我是一只长颈鹿。"我要接受这个新的事实（也就是"好的"的部分），但还要增加一些内容，比如"然后"我说："我是一个火星人，你是我见到的第一个地球生物。"我明白"好的／然后"在即兴表演的过程中多么重要，但当它作为一种生活哲学，一种克服萨姆在下决心问题上的策略时，它听起来似乎就有些太过容易了。以前在我们上班的间隙，萨姆来找我聊天时，他喊出过许多关于约会与承诺的口号，这个"好的／然后"也属于这类口号。萨姆就像被灌了迷魂汤，口中念念有词。

几个星期过去了，萨姆一直向我汇报上课的情况。这倒是个新情况：他终于在一件事情上坚持住了。更重要的是，他在课上遇到了一个名叫丽萨的姑娘，而且俩人开始约会了。

后来在我办公室的一次简短交谈中，萨姆向我透露了这段新恋情。当我问他进展如何时，他的回答总是令人恼火的一致。

"好的／然后，一切都将变成好的／然后。"

我实在受不了这类口号，尤其对这个感到恼火。在解决无法下决心的问题时，这句口号简直是最糟糕的。当然，我认为下决心时的确需要做出一个"好的"的承诺，这是决心的必备要素，但下决心时后面没有"然后""如果"或者"但是"。

萨姆找到一份新工作后就离开了。一年多以后，我收到了他婚礼的请柬，他和丽萨要结婚了。我想这是一个了解萨姆近况的好机会，于是我给他打了个电话，约他一起出去喝一杯。

"所以你终于解决了问题。"坐在酒吧里时我对萨姆说，"你当时可是相当确定，觉得自己找不到一个伴侣安定下来。"

"我知道。"萨姆说，"多亏了即兴表演课，让我脑子转过弯儿来了。"

"真的吗？"

"是的，那套好的／然后理论。我相信当时是让一些事情沉淀下来的正确的时间点，而那套理论正是在这个正确的时间出现的。"

我感到我的手本能地向上移动，拇指和食指准备捏住鼻梁，我的头马上就要摇起来了。他接受得真彻底，我这样想着，但我还能保持礼貌。

萨姆继续说："你看事情是这样的，我害怕做出承诺，因为我把一段长期关系看成是从我身上拿掉一部分，当然拿掉的主要是我热爱自由的那部分。但是当我用好的／然后的视角来看待婚姻时，婚姻对我而言就变成了和丽萨签订的一张合同，而我们可以在上面加许多的'然后'。"

　　萨姆这套说辞听起来和所有"承诺恐惧"的说辞没什么区别。在我看来，萨姆希望婚姻这张合同为他保留一些修改的机会，让他在需要自由的时候可以有少量的免责条款。作为一个不能完全向自己的伴侣许下承诺的人，萨姆在寻求一个极大的妥协。好的，他可以和丽萨共同生活，然后也可以做一点他想做的事情。

　　"萨姆，抱歉，你刚刚的意思是，你们要靠着这套好的／然后理论而不去完全地做出承诺吗？"我实在忍不了看着这一切发生，必须戳破萨姆关于逃避的幻想，否则就太迟了。

　　"你这话什么意思？"

　　"比如你说的'然后'那部分，那意味着除了承诺你还想要别的东西。这就好比你说：'好的，我将遵守我的誓言，然后我会在任何想要放弃的时候结束这段婚姻。'"

　　令人意外的是，萨姆大笑起来，一边笑一边轻轻摇着头。我能嗅到一丝怜悯的气息，空气里似乎还弥漫着一点点优越感。

　　"哦，老兄，你完全没理解我的意思。'好的'是指承诺那部分，而'然后'指的是我和丽萨可以带着那份承诺做任何事。'然后'不会毁掉承诺，它会让承诺更坚固。"

　　"我没懂，萨姆。"

　　"你看，这有点类似于说：'是的，我们对彼此宣了誓，然后我们可以一起许下更多誓言，比如旅行、把房子装修得酷一点、要个孩子或者丁克、好好抚养一个符合我们价值观的孩子、甚至决定我们应该怎样维系这段婚姻。'"

我有点明白他的意思了，但是最后那段怎样维系婚姻的选择还是让我持怀疑态度。"萨姆，我懂你的意思了，但是……"

"我对于现在两个人的现状很满意，我们很可能就这样过下去了。但只要我们坚守着那个'好的'的承诺，我们就仍然有选择权，我们是夫妻，我们一起做决定。"

"哦，我想我明白了。"我回答道，不再是一副趾高气扬的样子。

"你看，我害怕的并不是接近姑娘，而是害怕一段长期关系会把我束缚住。但现在，我把这段关系看作是获得自由的新途径，只要我们俩共同遵守着'好的／然后'的规则。"

"没错。"

"当我单身的时候，我不得不一直为我的单身生活做决定，单身生活也带给我各种各样的束缚。现在，我进入了婚姻生活，婚姻生活虽然对我的独立性有一些限制，但也有它的自由。单身和婚姻都同样充满了创意，不同的是，婚姻是你和另一个人一起参与一个项目。"

"好的，我现在完全明白你的意思了。"

我对口号和噱头的偏见已经烟消云散，我多少已经清楚地知晓了萨姆一直以来想要表达的意思。"好的／然后"让萨姆摆脱了原先关于承诺的"严肃精神"思维。以前，在萨姆眼中，结婚的誓言将把他置于一系列角色和规则的传送带上，把他带向一个他无法控制的未来，而现在，萨姆将婚姻视作演奏，似乎婚姻是一根柔软或有"弹性"的弦，弹奏它意味着你有能力通过弯曲某种坚硬的东西来创造你自己的音乐。

"你并不是感受到什么就弹奏什么，"爵士乐大师布兰福德·马萨利斯如是说，"自由仅存在于框架里。"框架和即兴创作之间基本的相互作用是爵士乐的基础，通过描述这种作用，马萨利斯也阐明了一些持久而富有弹性的东西之间的内在张力，你需要用创造性的方法弹奏它们以创作出自己的音乐。正如我最喜欢的精神分析思想家唐纳德·温尼科特写的那样："若无传统的基础，则不可能有独创性。"这就是萨姆和丽萨所做的——在婚姻的传统里保持原创性。

在我看来，萨姆对待婚姻的方式以及这段婚姻在萨姆的未来中发挥的作用，都体现出了一种"嬉戏精神"，这种精神意味着你可以想象、发明和创造，但总是局限在某种意义的框架内。从某种意义上说，丽萨就像是萨姆的玩伴，他俩要一起接受一些毫无生气的东西——婚姻、社会对已婚男女的要求并让这些东西充满生机。就像孩子们在一起玩游戏时做的那样，一边摆弄着那些没有生命的物体一边讲着童话故事。

"嬉戏精神"把你要为生活负责而产生的恐惧转化为身为生活的主宰而获得馈赠时的感激之情。这种精神让"接下来会怎样"变成了世间最美好的问题，它让你把未来中无数的未知看作一系列丰富多彩、富有意义的选择。

人生就是即兴创作，即兴创作也是你身上最人性化的东西。你的新皮质证明了这一点，新皮质在你脑半球顶层，它让你得以想象各种选择的目的、从旧的事物中创造出新事物、以配合的姿态倾听他人、猜测他们的经历然后接受这些经历、进行创新活动等。当你第一次对着父母露出表示"好的"的微笑，然后他们也对你报以微笑时，你身上人性的标志性元素便显现出来了。"好的／然后"的精神始终在生活中激励着你，但当你长大之后，这一切就不再像小时候那样简单了。

在你小时候，你不需要去做那些让你有自我满足感的严肃的事情，你不知道自己的责任，不知道死亡的倒计时，即兴创作是件自然而然的事情。现在你长大了，即兴创作需要付出更多努力，你需要鼓起孩提时并不需要的勇气，一边担心自己要为"然后"发生的事情负责，一边推动着自己去希望、去怀抱信念。

即兴创作就是在没有太多恐惧的情况下怀抱希望——对某种情况说"好的"，然后找出其他前进的途径。这同样是一种需要信念的行动，你要相信你的行为将会带来一些好的结果。毕竟你已经明白了，对我们成年人来说，进入这种与世界建立联系的模式是多么困难，甚至是痛苦。

焦虑与你亦敌亦友

著名存在主义心理学家罗洛·梅写道："生活的焦虑无法

避免，除非以冷漠或麻木的感知力与想象力为代价。"换句话说，没有痛苦，就没有收获，而改变带来的痛苦最终总是与你的责任感和孤独感有关。通常，正如维持现状的三大理由所表明的那样，避免痛苦是你最关注的事情。当你不去面对痛苦的时候，你也将不可避免地抹去收获的机会。

关于身体疼痛的论断早已得到证实：疼痛是有情境性的，你会因为它的意义和你周围发生的事情而对它有不同感受。面对孤独带来的痛苦，你的处理方式也是如此。如果你只看到它危险的一面，只把它看作一种威胁——一种平淡而可怕的未来——你就会让这种痛苦失去意义。在这种情况下，你的痛苦对你来说是陌生的，它是一个怪物，向你的"自欺之盾"发动攻击。但如果你能把它看作自我改变中不可避免的一部分，虽然它依旧让你疼让你怕，但它也是你正在改变的一个标志。事实上，它往往是唯一表明变化正在发生或即将发生的指标。

索伦·克尔凯郭尔曾写道："勇敢行动只是片刻失足，不敢行动则是失去自我。"索伦大叔看得通透，但不要忘记：勇敢不仅仅是一种态度，它让你敢于行动。当涉及改变的时候，特别是这种改变是为了让你的生活更加深刻时，这样的说法简直愚蠢。在自我改变这一疯狂、混乱的世界里，没有"只要"就能达成的目标。当你向自我改变进发时，你面对的是孤独的真实体验，崭新的和更困难的挑战将会真实地出现，你可能真的要转身离开比金子还值钱的沉没成本，你会最终发现你想要达到的目标真的一文不值，你将真的有可能面临巨大的失望。勇敢行动意味着冒险，而所有风险都是真实的。事实上，自我改变的全部风险在于你将真正地接近你的生活。这些风险都将成真，因为你是真实的。

在自我改变这件事上，我们面对的是一笔无赖交易。敢于改变，你将因风险而焦虑。如果你不改变，你就会觉得没有风险，也不会焦虑。整个场景都是为了让你维持现状而设置的：当你试图改变时，你将会被焦虑困扰，这种焦虑好像在给你发送信息："警告！警告！你正面临风险！"它尖叫着，让你赶紧逃跑。当你不去改变的时候，自欺和严肃精神会让你避免接收到来自现状的这类危险警告。

不是结论

我做到了！尽管所有的力量都在抑制我完成第五章——舒适的床、干酪面包船食谱带给我的诱惑、面对孤独的痛苦、没有准备好的感觉、令人神经紧张的关于"接下来会怎样"的拷问、挣扎着下定决心去实现一个不保证收益的承诺——我还是写完了，我完成了我的目标。

合上电脑！好吧，其实还没有。明天我将继续在清晨的黑暗中醒来，5点左右，开始下一章的写作，我也不知道明天我究竟会写多少。

第七章

你没有理由做不到

———————— · ————————

什么都不期待的人有福了，因为他们不会感到
失望。

——亚历山大·蒲柏

当麦克斯从大学打来电话，告诉我他在某门课上取得了一个好成绩时，我总是努力让自己只把注意力放在这一次的成绩上。但是不知何故，我最终总是会和他谈起未来他可能取得的其他成绩。"你这次能得 A 真是太棒了！"我这么说，然后几分钟后，我会不合时宜地再加一句，"想想看，如果你能保持这个成绩，你的整门课都会得 A 的！"即使隔着 3000 多英里，我还是明显能从手机信号中感受到麦克斯听到这话后的愤怒。这还不算完，我一边听着自己脑海中的警铃大作，提醒我"别说了，好好听"，一边接着问："话说你其他几门课的成绩怎么样？"

在这种过于频繁的对话中，他对成功的叙述成了我把他推向更高期望的要求。他想花点时间让我承认他在某件事上做得很好，但他在这件事上的成功只会让我想到他还能在什么事情上做得更好。对孩子的期望是父母的特权（如果我的期望保持不变，那就说明在为人父母这项工作上我懈怠了），所以当我发表这样的言论时，我并不觉得自己特别不正常。但对麦克斯来说，我这属于耍赖，就像在球场上移动门柱，改变规则。

其实我没有移动门柱。是麦克斯移的，因为他取得了一个好成绩。他甘冒风险去取得这个好成绩，这才导致了我这种令人厌烦的期望提高的后果，他自己内心多少也知道这一点。我只是一个无法对显而易见的事实保持沉默的老父亲罢了。

麦克斯是个意志坚定的小伙子。虽然我的刺激让他很恼火，但他可以接受这一事实，即积极的改变会让我提高对他的期望。我知道这些期望可能会让他感到焦虑，但我也知道，他对自己的学业抱有希望和信念，这种力量超过了那些担忧，所以当他成绩得 A 时，他感受到的更多是鼓舞，而不是沮丧。不过对你我来说事情并不总是如此，我相信对麦克斯来说也是一样。

正如维持现状的第二大理由中提到的"接下来会怎样"那个问题，如果你进步了，你对自己的期望和别人对你的期望都会提高。这是事实，你越有能力取得成功，就有越多的人，包括你在内，对你抱有更多的期望。"理由二"说的是你会为了避免承担责任而维持现状，它提到有且只有你掌控着"接下来会怎样"以及认识到这一点是如何导致你被焦虑逐渐淹没的。但是，"理由四"和"理由五"讲的却是类似的问题将如何引发对希望的恐惧，这是一个细微却重要的区别。"理由四"和"理由五"不仅关乎你对未来发生的事情肩负的责任，还关乎你的恐惧。通过改变，你(自己以及他人)对自身产生了更大的期望，这些期望将如何拉高你的希望，以及这种高度上的巨大提升将如何增大你跌落的风险，这都是让你恐惧的东西。

"你没有理由做不到"以及"希望的恐惧"

期望可以向外生长，从成功的花蕊中绽放开来，即使在挑战中也能保持活力："如果我成功减少咖啡因的摄入量，那我没有理由不能阻止自己吃这么多的碳水化合物。"期望还会向上生长，成功的种子会向位于高处的更大挑战蔓延："如果我能成功减少碳水化合物的摄入量，那我没有理由不能完全戒掉它。"无论是哪种期待，总有一个令人恼火的后缀："你没有理由不能……"换句话说，在一件事情上的成功往往会让你任何逃避其他合理挑战的借口都变得站不住脚。

我常把阿尔伯特·班杜拉提出的自我效能这一概念与信念联系在一起，自我效能与你对自己掌控事物能力的信念有关。当你在某件特定的事情上做得很好时，你的整体自我效能感就会增强。这一点你在生活中可能有所体会：精通一个领域会让你相信自己可以精通另一个领域。事实上，你的人生轨迹就是由这些发散性的获得掌控感的时刻串起的。你学会了骑自行车、在学校拿了第一个 A、反抗那些欺负你的人，你当时的感觉是怎样的？难道仅仅是觉得"我学会了自行车""我掌握了拼写"或是"我克服了对那些欺负我的人的恐惧"，还是说你当时体会到的是一种对自己整体的认可——"我可以掌控"。我猜答案一定是后者。

勒温在谈到希望时，也有相似的论断，即希望会随着你迈出的每一步递增。一个成功的人通常会让他的下一个目标稍微高于他的前一个成就，但不会高出太多。他通过这样的方式，逐渐提升自己的期望值。虽然从长远来看，是一个很高的理想目标在指引他，但他会根据现实设置他真正的目标，让这个目标和他目前所处的位置相距不远。

在勒温看来，你通过实现小目标为实现大目标积累动力。你希望能卧推 200 磅，于是今天你把目标定在 120 磅。你有动力去实现今天这个目标，因为你可以做到，而且你知道通过实现这个目标你将会达到你的终极目标。做三组，每组 10 次，每次卧推 120 磅，等到下次你来健身房的时候，你就会有动力去卧推 125 磅。你迈出的每一小步都在激励你迈出下一步。

实现目标的动力燃料是从较小的改变中释放出来的。这是一个令人兴奋的观点，它意味着希望不一定是像电池盒里的电池那样运作的，而是像丰田普锐斯的油电混动系统那样，你越是成功接近你所希望到达的目标，你的希望就充得越满。这是好事，只有深深的失望带来创伤时，以及你由此产生对希望的恐惧时，才会变得糟糕。

当你朝着某个改变进发时，你已经从自己以往的掌控经验中明白，你所做的每一个改变都可能导致你开启其他改变，而这些改变正等着被你掌控。如果你过于担心失望的体验，你就会担心自己完成不了所有这些即将到来的改变。如果你担心自己完不成这些改变，你就会担心你正面对的这个改变可能会提高你或其他人的期望，因为你们都会认为你可以做到其他那些事情。

在完成某件事之后，你之所以会这么快地想到"没有理由不能……"，是因为"成就"会让你意识到自己具有能动性。在人生的所有成就中，实现个人改变这事最能突显你所肩负的责任。

举个例子，你想把房屋的修理费用省下来。虽然觉得修理房屋是一件很无聊的工作，而且自己绝不会从修理工作中获得任何真正的满足感，但这么多年来，你花了许多钱请专业人士来修你自己也能修好的东西，你觉得这太荒唐了。

浴室的水龙头漏水了。你之前从未修理过水管，于是在手机上打开视频网站找了一个相关的教程。修好了水龙头后，你会想：如果能修好水龙头，那我没有理由修不好石膏墙板上的窟窿。你并不是很想去修补石膏墙，但也没有理由不去做。你是否感受了存在焦虑？也许是有一点点，但可能不会很多。你已经学会了如何修水龙头，你没有理由学不会修其他东西，何况做这些还能让你省钱。

再举个例子，比如你一直以来都是一个害羞的人。无论是在个人还是职业层面，你总觉得羞怯是自己的一个障碍，尤其是在公共场合演讲时。于是你决定报一个演讲班。在结课那晚，你做了一次精彩的演讲，你带着自信离开课堂，准备在公共场合更多地发言，并有效应对工作中那些曾让人烦恼的幻灯片展示介绍。在这个场景中，"没有理由不能"的想法比修水龙头的影响更深刻，因为在这个场景里，你改变了自身的一部分，消除了通往更好生活的一个主要障碍。你做到了，你"修"好了自己。在这种情况下，"没有理由不能"关乎的不仅仅是技能或完成某事的动机，还关乎你是否有意愿书写自己的人生，并怀抱着希望和信念去行动。它鼓舞着你，也鼓舞着那些看好你的人。

勒温在描述"以微小成功为基础且不断增长的希望"时也用到了一个词，它和"鼓舞（inspire）"有着相同的词源，这个词就是"渴望（aspire）"。这两个词和"精神（spirit）"一样，有着同一个词根，这个词根描述的是一件我们每天都在做、证明我们还活着的事情——呼吸。当你被正在做的某件改变你的事情鼓舞时——你带着希望和信念向外探索，这也最能证明你还活着。

你越意识到自己的活力，体验到的自由就越多．你所肩负的对生活的责任被越多地被暴露出来，你对自己带着这份责任感能做些什么的期望也就越高。当改变了自己身上某些曾让自己感到阻碍自身发展的东西时，你会感到鼓舞。尽管存在焦虑压得你气喘吁吁，但你还是愿意深呼吸，继续前进，正是这一事实鼓舞了你。你可以自由自在地做更多事情。既然你曾经成功地面对过你的责任，那现在也没有理由不能再次面对这份责任。

在我看来，对希望的恐惧是一种对无助感的恐惧，你因没有得到你认为重要且缺乏的东西而恐惧。当你希望改变自己的时候，如果你最后没有达成目标，你对自己和世界怀抱的信念就会受到伤害。这就是为什么当你为了省钱而亲自维修房屋时，没有表现出对失败和成功问题的过度担忧，以及对"没有理由不能"这一潜在问题的顾虑，但当你参加演讲课时，你的担忧和顾虑却在威胁着你。在第一种情景里，你可以在很大程度上借助外部教程来实现你的目标，而这个目标就是搞定一些事情。如果你没有把事情搞定，可能会稍稍觉得自己有点搞不定自己的生活，但更多时候，你只是觉得自己对不感兴趣的事情不太擅长而已。但在第二种情景里，你的目标是对自己做出深层次的改变。在这种情况下，你大胆认为你所缺少的那样重要的东西不仅与你有关，还与你让生活正常运转的能力有关，所以在这类任务中搞砸会对你的希望和信念产生更严重的后果。

你我皆如此，我们花费了过多精力对自己和他人隐瞒我们肩负的责任，用自欺和严肃精神来假装自己是僵化的、没有生命的。但是，当我们做一些提升自己的事情时，我们就好像被手电筒的光束照了个遍，暴露出我们是活生生的、是自己人生经历的书写者。一旦我们是自己命运的主人这一事实被揭露出来，我们对自己怀抱的信念会增加，各种各样的事情都对我们抱着期待：如果你能鼓起勇气面对自己，减重 10 磅，你就没有理由不能鼓起同样的勇气，重新开始约会。

虽然负鼠把自己伪装成毫无生气的样子并非自主的选择，但这仍是一种表演，它是在装死。而你控制期望的过程——呼吸放轻放缓，以减少你的责任感被发现的机会——同样也是一种表演；在这场演出中，你既是台上的演员，也是观看演出的观众。就像前一章提到的吉姆让我们给他打电话一样，吉姆这么做的目的是让自己和治疗团队看到他是被动的。

控制期望的拟剧

当我正给你写下这些字句时，我是把你当作一个观众来看待的，我会考虑你是如何理解我所说的内容、我说得是否清楚、能否成功传达我的观点，还有最重要的一点，我是否可以让你用不同的方式来思考自我改变这件事。但在写给你们的同时，我同时也在写给自己，写给我希望能理解我的论点并被它们所影响的"我"，我其实是在同时表演给你和我看。我们都在观众席上，等待着我在聚光灯下做些什么。

你可能不会总是关注这种表演，但总是会参与其中。著名社会学家欧文·戈夫曼将这种表演称为"拟剧"，即你为观众表演的同时自己也是观众里的一员。而另一位著名社会学家查尔斯·库利则说"我们都是'镜中自我'"，意味着我们对自己的认知基于他人对我们的反馈。然而在观众面前，我们并不是被动者，观众根据我们的表演做出反馈，我们再把他们的反馈进行塑造。这意味着我们关于以诚实还是自欺的态度去行动的决定，不仅仅是简单的内心决定，而且是你和其他人见证下的外在表演。

当你以自欺的态度行事时（即掩盖你对生活所负有的责任），你扮演的是一具提线木偶，你把自己的行为描绘得好像受控制杆操纵，而控制杆握在外部力量的手中。你的脚趾几乎没有碰到舞台地板，手臂和手随着线绳的牵引笨拙地扭动。你对自己和观众都隐瞒了一个事实，那就是你实际上是自己命运的主人，线绳、控制器和手，这些不过都是道具。

假装成木偶：三幕戏剧

第一幕，第一场

布景：傍晚，狭小拥挤的公寓。

你（刚午睡醒来，坐在沙发上，伸伸胳膊，打个哈欠）："老天爷！都这个时间了，现在去健身已经太晚了！"

第二幕，第一场

布景：一间平常的休息室，在一个满是格子间的大办公室里

你（转向身边的同事）："我挤不出时间去锻炼！"

第三幕，第一场

布景：一辆小轿车里

你（低声自语）："我今晚必须去锻炼，但我得先去趟商店。"

落幕，你那双木偶的脚从未踏足过这出木偶戏里的健身房。

在这场表演中，你的工作就是尽可能降低每个人对你肩负责任的期待。你不仅表现得仿佛受一个看不见的主人的控制，而且还把不能去健身房这事描述成了命运使然，而非选择使然。你不希望让观众认识到你才是这一切的责任人，因为你也在观众席上，害怕被人发现你有能力主宰这一切，而且观众席上还有他们——你的家人、朋友、同事、治疗师，你不希望他们被鼓舞后却只以你让他们失望收场。如果你能尽可能表演得像提线木偶一样，那么你从观众反馈里看到的自己也将只是一具木质的、没有生命的东西。既然没人对这样东西背后的操纵者抱有希望，那么也就不会有人对它的选择和决定感到失望。

当你以诚实的态度（承认自己是自己人生的作者）和嬉戏精神去表演时，你的"拟剧"将和木偶戏截然相反。这次

是单人表演，而且没有台本。你在台上即兴表演，就像上一章提到的萨姆一样，他用"好的／然后"的方法成功进入了婚姻生活。每个人都在观看，期待着你将在舞台上进行的表演，包括你自己，有时甚至只有你自己。在这次的表演中，你可能会在某个晚上一边在运动机械上挥汗如雨，一边宣布："我之前计划好锻炼的，现在正在这样做！"在另一个晚上，你可能会坐在沙发上，一边暴饮暴食，一边小声嘀咕："我本打算去锻炼的，结果却懈怠了。"在这两种情况下，你很清楚，无论你的任务是成功还是失败，你都在为它负责，"在运动器械上挥汗如雨的是我，是我让自己做运动的"或"在沙发上暴饮暴食的是我，是我让自己懈怠的"。观众的期望是无可避免的，这意味着他们对你的期望程度也会随着你的表演而变化。当他们离席时，他们可能被你的下一步行动所鼓舞，也可能对你的能力感到绝望。

当你冒着风险提高期望时，一般情况下，你的表演要么更多指向自己，要么更多指向他人，这取决于你最希望通过你的改变鼓舞谁，或者最希望让谁相信你有能力改变。"维持现状的第四大理由"是关于你自己的期望，而"维持现状的第五大理由"是关于他人的期望。

理由四：维持现状可以让你避免被自己的期待所伤

当你通过自我改变来提高自己的期望时，你也在冒险提高自己对自己抱有的希望和信念，这意味着经历失望和失去信念的风险也随之增加了。

你曾经多次报名上吉他课，而每次只上几节课就放弃了。你还想再试一次，但你无法忍受身边最亲近的人将要知道你又要尝试一次了。你的家人和朋友早就看过这个戏码了。你不想受到他们的质疑和冷嘲热讽，所以你没有告诉他们。事实上，你憧憬着到时候能在他们面前露一手——等你的琴技足够好时，你会走进餐厅，弹上一曲，证明他们都错了。你告诉自己，这次会成功的，以前的问题在于人人都知道我在上课、希望我琴技精进，这给我造成了压力。

跟着新老师上了一两次课后，你发现压力依然存在。事实上，每当你有所进步，感觉这次会有所不同、自己会成功时，你就更加担心自己会放弃。你发现练琴变得越来越难。不是练习的曲目或音阶让你感到困难，而是练习的动力和坚持练下去这两件事很难，似乎有一种力量在阻止你的手指去碰触琴弦。

这是你对希望的恐惧在碰撞你对自己不断增长的鼓舞。保持低期望值是消除这种恐惧的主要手段。如果你对自己没有很高的期望，你就不太可能认为自己是一个即兴表演者（或冒牌货）。换句话说，你对提高自己对自己期望的担忧，很少仅仅局限于在一个领域取得成功。它们通常会泛化为你对自己期望的总体增长。你越是恐惧希望，你就越想要压制住这些不断增长的期望。

让我们再次回到我的办公室这个场景。现在，我正坐在有些凌乱的办公室里。我从过去失败的经验中了解到，如果我打扫了办公室，它很快又会变得乱七八糟。但我也知道，当干净整洁的办公室变得一团糟时，我可以通过不打扫它来避免那种失败的感觉。如果我让办公室保持脏乱，我就可以只经历一次失败（即目前这种混乱的状态），而不是两次（即我习惯性的混乱加上没能让办公室保持整洁的失败）。而且如果我打扫办公室，我将用"男人的办公室就是乱"这种唠叨换来改变的痛苦，我对自己的期望将会提高，然后还要看着自己从新高度上跌落。这样看来，保持现状对我而言要比改变更安全。然而，办公室并不是问题的关键。真正的问题在于，一间干净的办公室将让我无法再隐瞒自己的能力。如果我能把办公室打扫干净，那我没有理由不能……

理由五：维持现状可以让你避免被他人的期待所伤

当你在生活中做出积极的改变时，你不可避免地会提高他人对你的期待。通过改变，你可能会让他人看到你是自己生活的书写者，从而对你产生更多期待。

仍然用吉他课来说。你曾经多次报名上吉他课，而每次都是上几节课就放弃了，此后你还想再试一次。你不愿身边最亲近的人知道你又要尝试一次，但你觉得自己需要一个值得信赖的盟友，一个能让你坚持下去、为你鼓劲儿的人。你认为最合适的人是你哥哥。你尊敬他，而他也总是在你身边，愿意帮助你。他非常热心、乐观，有时乐观得让你恼火，但你依然觉得这些品质会帮助你跨越再次尝试吉他课的障碍，他也同意帮你了。

"所以你想让我监督并且激励你，是吧？"

"是的，差不多是这样。"

"在你懈怠的时候推你一把？"

"没错。"

"你不会在我推你的时候朝我发脾气吧？"

"不会的！别担心，我会好好的。"

"很好，我跟你讲，我可擅长这种事了。我的朋友们都知道我是一个充满动力的人，你很快就能弹得像吉他大师吉米·佩吉一样好了。"

第一次上完课后，你打电话告诉他："我真的觉得这次会不一样，我已经更成熟了。"

"听起来这次你能成，老弟！"他答道，"这次绝对可以，我骨子里就是这么想的！继续坚持下去，老弟！我迫不及待想听你演奏了！"

你挂上电话，可心里却不像刚拿起电话时那么笃定了。考虑到你才刚上了第一堂课，你哥哥的热情似乎有点过头了。但他是在帮你，你没法教他怎么激励你。

接下来整整一周你都在认真练习，下一节课进展也很顺利。你给哥哥打电话。

"哦，老弟，"他说，"真是太棒了！你说得我都想去上课了，好样的！"

这只是自己上的第二节课，你思忖着，这样赞美也太夸张了吧。但你能怎么办呢？接下来的一周里，你练了四天。上课很顺利，但老师要求你把练习册上的几页内容再练一练。那天晚上，你觉得可能不给哥哥打电话比较好。但他自己打过来了。

"嗨，是我呀，你的教练。琴练得怎么样啊？"

你告诉他"这周不是很好"，你说这周有几天没练琴，而且你还得把书上的几页谱子重新练一下。

"哦，这没什么！别灰心，一切都很顺利！让我来帮你想象一下那个场面：你参加了一个聚会，在场没人知道你在学琴。爸妈都在那儿，角落里放着一把吉他。你把吉他拿起来，开始弹奏起来。大家都不敢相信自己的眼睛，整个房间也随之安静下来。怎么样，看到那个场景了吗？"

"呃……是的，看到了……"

"很好！到时候，你会先拨几个和弦，听起来似乎没什么大不了，不过是《水上烟雾》这种曲子。但这只是个小把戏！你其实是要像柯克·汉密特那样弹，这太疯狂了！所有人都惊呆了。等你弹完一曲后，房间里鸦雀无声，然后一个人、两个、三个，最后所有人都开始鼓掌欢呼。所有人都为你疯狂，老弟，我告诉你，一定会很疯狂！懂我的意思吗？"

"是啊是啊，我懂。"你有气无力地回应着。

"很好！现在一边想象着这个画面，一边练习吧！""啪"的一声电话挂了。

那一周，你只练习了三回，而且课上得一团糟。你躲掉了所有你哥打来的电话。当你听见公寓外的敲门声时，你一下子就猜到是谁了。

"听着，"他冲进你的房间说道，"你让我帮助你练习，你以为我会放弃你吗？"

"嗯……不会。"

"那就让我来开展我的工作吧。"

"好吧，抱歉。"

他抓着你的肩膀，看着你的眼睛。"现在不是放弃的时候！我相信你会成功的；你绝对会的！我知道这次不一样！想想看，如果你吉他弹得好，其他的门都会为你打开，你经常说要参加的演讲课、你不敢去约的女同事。老弟，这些都可以做得到了。一切成功就在你的指尖，现在放下遥控器快开始练习！"

"好吧，我会去的。"

"我在这儿看着。"

"现在？"

"没错，现在！"

你拿起了吉他和练习册，开始弹奏起来。

"看，这不就练起来了吗！"他一边看着你练习，一边笑着打开门退了出去。

你练了几分钟，透过百叶窗看了看。在确定他已经离开后，你放下了吉他，拿起了遥控器。第二天，你给吉他老师留言说你决定不上吉他课了。

在这个例子中，你通过提高他人的期待最终导致自己选择了维持现状。这个例子虽然是虚构的，但当你开始改变的时候，你往往最担忧的一个问题就是你让他人兴奋起来后可能会让他们失望。

假设你想要减肥，你首先要决定采用哪种饮食方案：阿特金斯减肥食谱？原始食谱？还是生酮食谱？如果你和我一样，那你之后还需要再做一个决定——要不要告诉别人？如果你告诉了别人，这可能会对你有帮助，因为他们可以让你保持诚实，还可能会给你提供支持和帮助。但如果你因为没有坚持住而去吃芝士汉堡时，他们也会注意到。另一方面，如果你不告诉别人，你就不会提高他人的期待，任何失败都不会为外人所知。但是，如果你私底下坚持减肥，不告诉别人，他们也总会在某一刻注意到你的体重下降了。而当他们注意到的时候，你还将面临继续减肥的挑战，因为如果你失败了，人们可能会注意到你的腰围又长回去了。

再次说回收拾办公室这件事，如果我收拾了，我不仅会提高自己的期待，还会提高我的客户和雇员们的期待。倒不是说他们会对这个改变多么兴奋，但他们肯定会注意到。然后，如果我没能让办公室保持整洁，他们也将会见证我的失败。这种感觉很糟糕，因为我的观众看到某事发生了非常微小的变化。如果办公室干净整洁，他们会认为我自律、能掌控一切。如果办公室杂乱不堪，我在他们眼中形象也将截然不同。

我相信对我的治疗对象来说，这个维持现状的理由对他们生活产生的影响尤其巨大。对于那些被认定为长期患有精神疾病的人来说，被别人看到自己失败了的风险大于等于让自己失望的风险。这是因为在他们生命的大部分时间里，他们唯一的工作，其实也可以说他们的"职业生涯"就是改变自我，而这种改变是所有帮助他们的人关注的焦点。每天，他们醒来后会去一个或几个诊所接受治疗，这些地方就像他们的办公地点。他们身边的人盯着他们身上的变化，等着他们迈出下一步。心理健康专家和他们的家庭成员一起制定着治疗计划，这些计划都以改变为目的，给出下一步该如何做的建议，并不断提出下一个干预手段、下一个治疗方案。

而所有这些改变计划的接受者都知道，他们身上的任何改变都会被发现，并被记录下来（通过图表、治疗小组会议、给父母打电话和办公室闲聊），这些改变会被视为他们整体康复的积极信号。积极的改变会让治疗师会满意，让家人感到欣慰并燃起希望。反过来也是同理，任何一个小任务上的失败都将被记录成一次整体的倒退。失望会像浮油一样扩散开来，覆盖住治疗对象、他们的家人和朋友以及治疗团队。这是一个专门制造疯狂的系统，我们大多数人不会经历。对于被困在这个系统中的人来说，维持现状似乎很有吸引力，而这正是因为我们在治疗过程中采取了一种全员参与的方式——有那么多人在观察着、判断着——并试图用这种方式让我们从对梦想和满足感失望的重大创伤中恢复过来。

这是我认为在我这一行，动机和功能问题经常被误诊的一个原因。虽然它们主要被认为是精神疾病的症状，但它们通常都是我们如何对待这些行为而导致的结果。我认为，相比于那些不必暴露在这种通常是善意的监视中的人，我的治疗对象们往往会更注重控制他人的期望。治疗环境极其专注于患者的改变，这形成了一方沃土，让他人的期待成了患者们首要关注的对象，但其实我们中任何人都无法躲开他人的期待。

当我们开始朝自我改变进发时，每个人都会以不同方式、在不同程度上尝试着控制期望，保护自己不去碰触过度期望引发的危险，无论这期望来自我们自己、他人，或是二者兼有。

事实上，很多人在行为上表现出的对个人挑战的抗拒时，他们会认为这是内在性格的原因（比如他们懒散、抑郁、焦虑、缺乏毅力和任性），但我认为，这些性格是他们在控制预期时给自己立的人设。我自认为是这方面的专家，不是因为我做的研究，不是因为我对文学的钻研，也不是因为我自己的专业观察，而是因为我个人成长中的经历。

灯光、摄影、不要动：控制期待

我成长于 20 世纪六七十年代南加州的一个大学城里。众所周知，这座小镇的两边有很大不同，这种不同并非指阶级上的差距，而是生活方式上的不同。小镇的一边挤满了教授和学生，他们大多是反主流文化的，而小镇的另一边则住着上班族，他们每天去洛杉矶上班。我上的小学是一所实验公立小学，位于小镇的反主流文化区。在那里，老师们会尝试各种创造性的方式教育孩子，让他们融入教学活动中。这所学校不注重分数，而是经常采用因材施教的方式教学。我上的初中是小镇里上班族那半边的，这是一所和郊区公立学校一样的学校；这里等级森严，采取应试教育，要填答题卡，完成蓝皮装订的论文，这一切当然都要用分数来衡量。

我在小学中成绩优异，展现出那所实验学校看重的各种能力：创造力、创新思维、渴望通过新的模式和方法进行学习。事实上，当我（基本是充满爱意）回望这所学校时，我能觉察到它隐藏的偏见。我的猜测是，当年那些刻板的学生，那些只想从书本中好好学习的学生，可能有点被忽视了，他们很受尊敬，但他们不是校园明星。但是，我当时是明星。我不擅长阅读，拼写也很差，数学对我来说难如登天，我每天做着白日梦，连书桌都整理不好（后经老师允许，我把它弄成了一个堡垒）。但我的读书报告是做得最好的，图文并茂，充满创意；我在学校的戏剧表演中担任主角，甚至在老师和他的嬉皮士朋友的帮助下，设计并制作了一个巨大的充气龙，大到可以让人走进去。我当时的感觉是生活掌握在我的手中。如同奇迹一般，那时的我充满了自我效能，似乎手腕一挥，一切就都听我指挥。当我小学毕业进入中学时，这种感觉突然消失了。

中学对我提出的要求全部提在我的软肋上，这让我迷失了方向，那简直是一次文化冲击。直到今天，我还能回想起我第一次交读书报告的时候。我花了好几个小时，为苏珊·依·辛顿的《局外人》制作了一幅拼贴画，结果下课后，老师质问我："这是什么？"

那是一个耻辱的时刻，让人更痛苦的是，学校辅导员认定我有学习障碍。在我当时那个年纪，学习是社会对我们这群人的主要期望，而我觉得自己像一条完美的制造装配线上一台残破不堪的设备。每天上学时，我就像一个观光客来到了一个陌生的地方，手中没有地图，也不会说当地的语言。我感到无助而迷茫，心中满是羞愧。我在小学里被认为善于学习或表达自我，但当我在这里以同样的方式对待学习任务时，却受到了批评。那个时候，被排斥的感觉刺痛了我。我把那些看似幼稚的东西抛到了一边，尽我最大的努力用记号笔标记涂写。但问题是，我根本不擅长这种一板一眼的学习方式，我就是不喜欢。因此，即便我试图去适应一种新的学习文化，好让自己曾经备受赞誉的学习才能不至于被扼杀时，我还是受到了与我试图避免的负面评价完全相同的关注。于是，我还没怎么尝试就选择了放弃，因为我觉得即使我尽了最大努力也会以失败告终，而这一想法让我无法忍受。尽管学校为我提供了大量的教学支持，比如课后辅导或用一些特殊教育课程来替代主流课程，我的成绩还是直线下滑。我陷入一个恶性循环：我不再努力学习，而在老师和我自己眼中，我的学习障碍看上去比我真实的情况更加无可救药。

由于感受不到任何改变的可能性，我做了社会学家认为的大多数人被贴上"局外人"标签时会做的事情——我将耻辱内化了。学习障碍成了我面对自己和他人时给出的解释，我的前途看起来暗淡无光，但我至少有办法不去把我的糟糕表现归结为缺乏自律或懒散等道德品质上的缺陷了。而且学习障碍给我带来另一种作用，它降低了老师对我的期待，也让我控制住自己的期望，毕竟期望可能会引发下一次的失败。学习障碍成了我身份的一部分，但也只是一部分而已。

如果感觉自己是一个失败者，我就会选择塑造一个"不去尝试"的角色，因为这样看起来很"酷"，这个角色为我之前充满耻辱的身份增添了一些包容性的平衡。我不只是无可救药、残破不堪，我还主动选择退出，去做"酷孩子"，和其他"酷孩子"混在一起，对着操场上的其他人窃笑。

这就是我在初中展现自己的方式，用著名心理学家爱利克·埃里克森的话说就是展现了两种消极的身份。由于缺乏其他更积极的选项，我倒向了学习障碍和"酷孩子"这两个消极选项，并根据我眼前的威胁，选择其中一套戏服穿上。

在所有"酷孩子"的外表下，在我声称自己有"学习障碍"的背后，我因无法让生活正常运转而感到郁闷。晚上躺在床上，向黑暗中看去时，我会感到恐惧和无力。我曾相信世界尽在掌控，就像我曾做的那条充气龙一样，我将创造我的未来。现在，我感觉我所怀抱的自信是错误的。与此同时，我降低了我和周围人对自己的期望，以此来避免更多令人羞愧的失望体验。我做到这一切的方法就是把自己描绘成一具吱呀作响、支离破碎的木偶，没有自己的能力，也没有自己的抱负。

我确信那段时间的社会创伤所造成的影响，正是我如今和杂乱无章做斗争的原因。杂乱无章的羞愧感和它强烈的缺陷暗示，以及我和它们之间的斗争——我确信这是"希望的恐惧"导致的，此二者联合起来要我振作精神采取行动，比如收拾一下办公室。我看着办公室，情绪（请注意，这很微妙）闪回了中学经历过的那种笨拙和支离破碎的感觉。然而，即便看着这间办公室让我感觉糟糕，我还是倾向于不去收拾它，就像12

岁那年我努力不去提高我和他人对自己表现的期待那样；而是让自己躲起来。

我所经历过的那种羞愧与被排斥的感觉留下了一道心灵伤疤，让我觉得自己被毁掉了且锈迹斑斑，这让我试图降低我和他人的期望。我相信正是曾经的那段经历让我后来选择去帮助那些经历过这种消极社会事件的人，他们中的有些人比我所经历的事情要严重得多。我非常肯定，这是一个核心原因，使得我把工作重点放在帮助人们从破坏性的经历中恢复过来。

就像我的治疗对象一样，曾经的我每次都会在尝试之前就放弃，每天扮演着一个"任何成功都将被戳破"的角色，我错过了可能会让我从羞愧中解脱出来的东西：那些微小的、渐进的、鼓舞人心的成功。如果我好好利用学校给予我的支持，我将会是一个中等生，即使不优秀也至少是平均水平。只要达到了中等，我就还有可能树立信心，更上一层楼，取得更大成绩。然而，我害怕采取那些最终能让我不再那么害怕的措施，对"没有理由不能"的事情感到焦虑，我陷入了一个真正的困境中：我需要采取行动来建立信念，调动动力，但这样的行动正是我极力想要避免的。

当你试图降低期望值时，你就陷入了难以逾越的困境里。每一个可能有助于你建立信念的举动，会使你的行动看起来不再那么像木偶戏，而是更像一场个人秀。那么如何让你再次充满动能呢？换句话说，当成功将不可避免地引发你对期望升高的担忧时，你要如何创造足够的成就来建立你的抱负和信念呢？

有时这需要一点"剧情"来推动，甚至可能需要一点"欺骗"和"操纵"的戏码来实现这一切。你看，我现在正在写作，从事着一项我明显认为自己无法从事的工作。我现在确信，消极身份就是我的电池盒，在我信仰缺失的时候，我用这种方式保存着希望。

有时，你要在成功之前先假装成功。

假装的再生之力

"去行动，别空想，别抱希望。去行动，行动，动起来。不要空想，动起来，盯住球。"这段话出自约翰·肯尼迪的一段演讲，不是美国总统肯尼迪，而是澳大利亚足球运动员及教练肯尼迪，他要求他的球员把注意力放在自己的表现上，而不是输掉比赛这件事上，这一点是他出名的地方。在那篇演讲中，肯尼迪完美阐释了"成功之前先假装成功"这个概念，这个术语常常被用于心理治疗中，一般来说，它指的是采取行动向目标进发时先不去考虑你与目标之间的距离。关于这个概念的另一种表述方式，由著名心理治疗理论家阿尔弗雷德·阿德勒提出，即"假装一副样子"。这个想法源于"行动先于能动性"这一理论：如果你假装一副胜券在握的样子，那么你的能动性很快就会提升上来。

当回顾中学生涯时，我发现自己同样使用了"假装一副样子"这种方法，只不过我是在以一种扭曲的方式"假装"。事实上，与装出自己胜券在握的样子相反，我一直在"假装"自己支离破碎、故意"掉队"，以此来激发我的能动性。

还记得吉姆的例子吗？在他的儿子出车祸后，吉姆陷入了严重的焦虑中，导致生活几乎停摆。然而，吉姆还是巧妙地找到一个方法，既让自己摆脱了现状，又将他人的期望维持在了一个较低水平，这个方法就是"假装"。

吉姆参加了我组织的一个针对情绪障碍患者的日间治疗项目。我会让项目成员给自己的情绪打分，从 1 到 10 分，1 分是完全丧失任何控制能力的抑郁，10 分则是没有抑郁。每周吉姆给自己打的分数都是 2 分，考虑到吉姆经历的一切——车祸以及家庭、婚姻、工作上的损失——这么低的分数是说得通的。然而，尽管吉姆每周都给自己打 2 分，我却从私下里得知了一些不同的情况。我在项目中还是两位女士的负责人，这两位女士都是吉姆所在教会的成员，她们俩也都向我提及过吉姆的一些显著变化，而这些变化是吉姆在项目小组里没有跟我们说过的。"吉姆负责在礼拜结束后帮大家弄咖啡""吉姆请我们过去帮他装修新公寓""吉姆今天在教会上发言了""吉姆找到工作了""吉姆可能要和他老婆重归于好了"。吉姆显然是在进步，但在项目小组上，他还是只给自己打 2 分。最后，吉姆不再参加我们的项目小组了，他再也没有回来过。但我从朋友那里听说：吉姆的状态一直在改善。

我的猜测是，吉姆需要一种方法，让他既能改善自己，又不让那些能最直接看到他变化的人提高期望。他不想让我们知道他有所改变，因为他不想让我们看到他握有掌控权，从而对他有了更多期待。所以，"我的情绪分值为 2 分"是吉姆的一种掩护，让他在改变的同时不被发现。

吉姆像负鼠一样"装死"。在面对责任感这一强大的抑制力时，吉姆需要保持低调来暗中培养和强化他身上希望和信念的驱动力。如果他贸然前进，他的行动将被外人清楚地看到，他也会暴露出自己是有能力对自己负责的，这会使得吉姆体内产生一种强大的抑制力，让他透不过气来。但如果他能隐藏他在利用驱动力这一事实，他就能积攒足够的力量来保持前进。

实际上，我对"假装一副样子"感觉很矛盾，这个理念通常指的是那种让你表现得比实际情况更成功的方法。对我们多数人来说，当我们没有动力的时候，我们就会……嗯……没有动力。"假装自己很有动力"，是在要求我们假装没有什么力量在阻止我们前进，或是当我们维持现状时，我们假装自己是在做保护自己的事情。这种关于"假装"的努力，这种隐藏自我以及自我处境的尝试，就像是在强掩悲伤和恐惧的同时强颜欢笑。但从另一方面讲，有时候，你必须"放手去做"。

我的朋友苏珊和杰克就是一个很好的例子。苏珊是一名心理治疗师，杰克是一名脱口秀演员，他现在致力于帮助人们从成瘾习惯中康复。苏珊和杰克自己也接受过康复治疗，他们主要是通过参加嗜酒者互诫协会进行康复。"成功之前先假装成功"，是嗜酒者互诫协会的一句口号。对苏珊和杰克来说，这种通往变化的特殊方式对他们帮助最大。事实上，当他们第一次决定戒酒的时候，这句口号是他们的救生索。

　　参加互诫协会第一次活动时，苏珊和杰克感到绝望和迷茫，他们渴望指导。苏珊说："互诫协会的墙上贴满了口号，什么'活在当下''思考''慢慢来''只争朝夕'，此外还贴着海报，写着戒酒的 12 个步骤和 12 个惯例。说实话，一开始我没注意到这些。我只知道如果我不喝酒了，会感觉更好。我可能会重新集中注意力，重新开始。我的生活一团糟，但我没有去想自己是一个多么糟糕的人。人们告诉我，如果我今天没有喝酒或嗑药，那我就是一个成功的人了。我确信，如果参加这个活动，我的生活会变得更好。他们告诉我，我的某些想法让我陷入了混乱，而这些戒酒步骤将有助于修正我的想法。我想这就是为什么我听从了他们的建议。很简单，这么做会让我的感觉和思维都变得更好。"

　　在谈到第一次参加互诫协会活动时，杰克的说法和苏珊的差不多："我的第一个监督人是个硬汉，他是一个骑行爱好者。他一上来就让我远离酒精，他说：'别去喝酒。'他对每件事都是这么回应的，今天心情不好吗？别去喝酒；你觉不觉得我应该放松一下？别去喝酒。想释放一下吗？别去喝酒。总会有解决办法的，起码比喝得烂醉好点。如果你不喝酒，你就会想出办法。"

让杰克和苏珊至今仍远离酒精并将继续保持下去的原因，很可能也是他们今天仍然活着的原因，而这一切都始于那些"行军令"，他们服从这些命令，好像他们没有其他选择。然而，一旦他们戒酒一段时间，一天一天逐步提高他们的期待，戒酒就变成了一件他们可以自主掌控的事情了。苏珊说："一旦我戒酒一段时间，我的感觉和思维就会好一些，尽管一开始我是有些动摇的。一旦我头脑清醒了，我就能够更自信地计划下一步的行动。"杰克说："我不再渴望酒精了，真的，喝酒的想法在我脑海中稍纵即逝。随着时间的推移，我已经能主动抵制喝酒的冲动了，不再需要口号。但我一直遵循着这些口号，一遍又一遍地遵循，是的，'假装'让我走到了今天。"

苏珊和杰克采用了严肃精神，他们通过像负鼠装死一样来降低期望，以此来帮助他们到达那个可以对行为负责的地方。他们暂时推迟承认他们是命运的决定者，以便他们能逐渐接受这个关乎存在的现实。

如果是这种"成功之前先假装成功"，那我是支持的。当你按命令行事时，别人对你的期望就是服从。一般来说，这是一种糟糕的生活方式，它不利于你自身的发展，而且有无可辩驳的历史证据表明，只是服从命令的做法会给人类带来怎样可怕的后果。但是，当你缺乏安全感却又想要改变自己的时候，假装出缺乏自主性的样子可能正是你需要做的。当你因担心自己会让自己或他人失望而感到沮丧时，让自己表现得仿佛是受外力控制的一样并不是一件坏事。事实上，这可能是你为接下来的行动攒足力量的唯一方法。通过这种方法，你可以获得足够的信念以正视自己的责任。

　　有时，你得扮演成一具木偶，以便让自己更人性化。

第八章

改变之镜

———————— · ————————

并不是你选择面对，任何事就都能改变。但是
如果你不肯面对，那就什么也改变不了。

——詹姆斯·鲍德温

　　我和彼得第一次见面是在一个阴天，在我南加州的办公室
里。初次见面时，我便对他颇有好感。他相貌英俊，身材修长，
大概20多岁，皮肤黝黑，身穿背心短裤，脚踩一双凉鞋。在
办公室里，他和我相对而坐，轻松自然，也很友好，表现出一
种我在社交时从未有过的放松自然，让人很是羡慕。在第一次
治疗中，彼得解释说，自己来接受治疗是因为无法让自己的生
活继续下去。

　　彼得的故事开始于他生命中一个特殊时期，那时他的激情
和才能在工作中得到了充分的展现。事实上，彼得的工作或者
生活状态可谓相当完美，这是大多数人鲜有的。高中毕业后，

彼得用一年时间在中美洲和南美洲各地冲浪。他原本打算在国外待上一年后直接上大学的，但是在冲浪之旅中发生了一些很有意思的事情，所以彼得没有完成大学申请。回国后，彼得很幸运地在家附近的水族馆找到了一份工作，负责接待学校组织的水族馆参观活动。这是一个很多人都梦寐以求的职位，一般招录的都是刚毕业的大学生。

彼得跟成年人打交道游刃有余，跟孩子们相处得也很好。水族馆的主管非常器重他，经常邀请他参加高级职员会议，下班后也常邀请他一起参加聚会，甚至还请他帮自己一起做研究。彼得年纪轻轻便有这样的能力和自信，给水族馆的工作人员留下了深刻印象，大家都叫他"天才男孩"，此时的彼得正在逐步激发班杜拉所描述的自我效能感。

来年申请大学的最后期限迫近时，彼得决定再推迟一年。他才20岁，做着超出他年龄的工作。他觉得和大学里的朋友们相比，自己在人生路上会走得更远。现在的日常生活让他感觉深刻而有意义。"再过一年"也成了年复一年。

最后一次推迟申请的那年成了彼得的转折点。当他还是个十八九岁的小青年的时候，就已经在成年专业人士的世界里工作，并且到达了令人称赞的高度，这注定了日后他会面临走下坡路那种令人感到羞愧的经历。彼得已经22岁，不再是"天才男孩"了。他在19岁时面对职业挑战，表现得游刃有余，令人印象深刻。而现在他表现很好，似乎只是与年龄相符罢了。

彼得高中时的那帮朋友现在正纷纷从大学毕业，他对自己和自己在这个世界上的身份感到不安。他讨厌这种靠边站的感觉，极力想要摆脱，可他制定不出一个计划来消除自己不自信、低人一等的感觉，甚至无法营造出像成年人那样生活的感觉。他觉得自己被困住了，觉得自己不完整，竟然把申请大学的时间再三推迟，简直就是个傻瓜。这时，反事实假设开始作祟：我为什么不直接把那些申请表寄出去？如果我那样做了，我的人生本可以走得更远。彼得开始怀疑周围的人是否也注意到了他没有什么进步。

水族馆有一个补习项目，主管热心地提出要帮助彼得获得这个项目的资助，这样彼得就可以参加课程，为重返大学做准备。然而，主管的提议有些刺痛了彼得。彼得觉得主管的提议是在变相批评他缺乏专业方面的进步。但他相信，自己上过一两节课后就会让别人知道他在进步。

彼得做事情是出了名的高效和准时，但在填写学费报销表时却明显犹豫不决。那不过是几张简单的表格罢了，但他却把这些表格当成自己失败的标志，表明自己远远落在了朋友的后面。后来经过主管的再三催促，彼得才终于填完，然后报名参加了一门大学进修课程——海洋生物学导论。

彼得所在的班级由一些退休人员、想让成绩单好看些的高中生以及业余爱好者组成，彼得在他们中间脱颖而出。在课堂讨论中，教授常常向他求助，几乎把他当成同事，可以说彼得在众多业余爱好者当中是唯一的专业人士。彼得在班上的成功极大增强了他的信心。如果说这是一场比赛，那彼得远没有施展自己的天赋和经验就获得了胜利，但即便如此，他仍然感觉自己仿佛站在了世界之巅，而脚下岌岌可危。

那年秋天，彼得向几所大学提出了入学申请，但他几乎没有打开过这些学校寄来的信件。他第一次填写学费报销表时那种缓慢抗拒的感觉，就像一堵墙那样竖立在他面前，坚不可破，无法移动。于是他又报名参加了次年春天的进修课程。

彼得在这门为初学者开设的课程中依旧表现出色。尽管课程内容对他不过小菜一碟，但他还是跟主管、父母、朋友和室友讲了很多学习的内容，骄傲地向他们展示自己对这些知识掌握的熟练程度，并向他们阐述着自己的理论。

彼得从来不是一个爱吹牛的人，所以他对自己自吹自擂也感到不适，但他似乎就是无法阻止自己这样做。有一天，他向主管详细介绍了关于海洋生物方面的内容，主管不耐烦地打断了他，然后说道："彼得，你很优秀，但你告诉我的都是我上大学时学的东西。我真心希望你能够考虑一下获得一个学位，然后把这些理论付诸实践。"

主管的话对彼得来说是一个沉重的打击，就像自己骑在高头大马上，现在重重摔了下来。他在镇上认识很多上了年纪的冲浪者，他们经常吹嘘自己下一个大胆的想法。他是不是跟这些人一样，吹嘘自己在一个都是高中生的班级里多能耐？

彼得对上大学这件事有了一种新的紧迫感。对他而言，成为一位海洋生物学家不仅仅是一份职业，还是他迫切需要的一种身份，一种不让自己成为那些自欺欺人的老冲浪者的方式，一种让自己迎头赶上朋友的方式。

秋季快结束时，彼得开始关注大学申请的事情，这次他的目标是 10 所大学。可是彼得在读完很多优秀大学对他所申请专业的要求后，他对必修课程的基础水平感到失望。这些课程都太简单、太基础了，还没进修课程里的那些调查有趣，几乎跟高中所学的差不多，让人觉得和未来的事业相距甚远。彼得寻思着，我已经走上了这条路。我今年都 24 岁了，才开始学海洋生物学导论？我该怎么向别人交代？我该怎么对自己交代？然后，正如你现在可能猜到的，那些充满指责、令人泄气的反事实假设又出现了：如果我早一点做这些事情，现在就会拥有属于自己的事业了。我本应该把所有的精力都放在那些愚蠢的课程上，然后申请大学的！

彼得的内心被羞愧感所占据，他撞到了那道阻碍自己前进的障碍，而那障碍现在已经不再陌生。大学申请表上每一个需要填写的空格，仿佛都在提醒他已经落后了很多年。重返大学意味着他要跟比自己小 6 岁的孩子坐在一起上课。一想到这幅画面，彼得就会感到十分痛苦，他认为自己早已经在从事这个专业了。

彼得在写个人陈述时，那种感觉依然挥之不去。他写了自己在国外那一年的经历，在水族馆工作的时光，还有上过的那些有趣的进修课程。但这些事落在纸面上后，看起来却显得稀松平常，甚至可能连一般经历都算不上。彼得思索着，我看起来太懒散了，好像没办法让自己振作起来。写完几段后，他把个人陈述放到了一边。

彼得开始花精力在一般学校申请上，需要提供"申请成绩单"。拿到高中成绩单后，他停顿了一下。这就是我的成绩吗？他想。确实，我在进修课程拿到的成绩很不错，但大部分教育经历都是在高中。我表现得像个孩子。彼得决定在镇上吃点午饭。他回来时，便一直无法再集中注意力。他把这些事情放在了一边，想着等哪天再来处理。接着一放再放，一拖再拖。

彼得错过了三所大学的申请截止日期。第二天早上，他打电话到我办公室进行预约。几天后，我和彼得见面了。他认认真真地参与了我们的治疗，而且谈到了他在申请大学时那种"仿佛陷入泥潭般的奇怪感觉"。我们第二次见面时，彼得也同样认真，他对我说："我感觉很难堪，就好像自己是个骗子。"他还向我抱怨这种尴尬的感觉让他退缩。然而，我们第三次治疗时，彼得看起来似乎有些变化，比我之前见到时更为放松，但没有那么专注了。

彼得取消了我们之后的见面。他再没有来过。对我来说，患者在接受了最初几次治疗后突然退出并不是什么新鲜事。我认为彼得没有做好准备去改变，我希望他能找到前进的道路，但对此表示怀疑。从治疗中退出似乎还可以看出，彼得对阻碍自己在生活中做出改变的那股力量心存抗拒。遗憾的是，我也可以想象到他会变得像那些年老的冲浪者一样。在彼得的故事里，有些事情让人感到特别沮丧。彼得是一个真正有前途的人，他在自己看重的领域里已经证明了他的能力，而且获得了他尊敬的人（比如他的主管）的认可。他把海洋生物学确定为自己的专业目标，既符合他的价值观也跟他的能力相符。他要做的跟每个人都一样，就是必须从起点出发。然而，对彼得来说，这个开始的地方似乎损害了他的自我形象。他曾经是"天才男孩"，可现在却是大龄新生了。他不愿采取必要的步骤，结果就是他从来没有朝着那个雄心勃勃、令人满意的事业迈出一步。彼得拖延的时间越久，他就越觉得羞愧，就越会深陷其中无法自拔。

彼得的处境反映出了改变的两难境地。改变要求你直视自己在生活中所处的位置，尽管这么做常常让人感觉很糟糕。

理由六：维持现状让你不必直面自己的现状

自我改变需要你评估自己必须改变的东西，并在那一刻采取行动。因此，你会意识到自己某些不完整的地方，并为此感到不舒服。如果我决定收拾办公室，那么我首先需要承认是自己把办公室搞得乱七八糟。换句话说，为了把办公室收拾整洁，我要面对自己造成的杂乱。这种心理动态在改变中是不可避免的。

当你前进时，你是在怀抱希望行动。你满怀希望前进时，可能会发生两件事：一是你会认定某件东西很重要；二是你会发现自己缺少这个重要的东西。那是渴望造成的紧张状态，它总是构成希望的一部分。如果你不想感到生活中缺少某些重要的东西（比如健康、清醒、爱），你就不得不去维持现状。反过来，只有愿意正视生活中缺少的东西，你才能做出改变，但是缺少的这些重要东西会让你感到羞愧。就像什么东西被搞坏了或者给弄脏了，人们会感到羞愧，因为我们总是拿它跟理想的、完整干净状态下的它做对比。当你为自己选择了道路，将道路尽头的目标认定为重要的事，从而为自己树立一个理想的形象时，你会发现自己因没有得到这些重要东西而羞愧。

回想一下你自己实现个人目标的经历，例如减肥。你什么时候觉得自己肥胖？是发现裤子不合身的那一天，还是你开始减肥的那一天？我猜是后者。当然，你在发现自己变得大腹便便的时候，会被深深刺痛，但这种刺痛是短暂的，只有在你开始减肥的时候，这种刺痛才会长久存在。如果你没有选择走减肥这条路，那很可能是因为你找了一些借口来降低最初的痛苦，比如"昨天晚餐含盐太多了""旅行时容易发胀""牛仔裤缩水了"。然而，一旦你开始节食，减肥对你的重要性会比以前大大提高，你会很容易注意到自己身材不够纤瘦，更清楚地看到自己现在的体重和理想体重之间的距离，于是你再也不能为自己找借口了。因此，减肥让你在面对不喜欢自己的那部分时的痛苦变得更加严重，让痛苦持续的时间也更加长久。

当你努力解决自己的问题时，更有可能看清它们。因此，实现目标的唯一方法就是让自己能够直面现在所处之地（自己的缺点及一切）和欲往之地。这就是为什么大多数针对行为问题的治疗首先都会秉持这样一种观点，即一个人必须坦诚地评估自己的问题，才能克服它。这并不是巧合，举个例子，参加嗜酒者互诫协会的第一个活动，要求人们都介绍自己是个酒鬼，比如"我叫简，是个酒鬼"。

然而，像这样直接承认或直面自己的问题，也可能会让人泄气。就像准海洋生物学家彼得一样，你有必要照照镜子，可倘若镜子中的自己让你感到太过羞愧，那么你就会停止任何想要做出改变的尝试。这意味着，为了释放你去做出改变的能量，你必须要克服这种羞愧感，这就需要你找到一种更能接受自己的方法。

关于改变的有趣悖论

卡尔·罗杰斯写道："一个有趣的悖论是，当我接受自己原本的样子时，我就能改变。"根据辩证行为疗法创始人玛沙·林内翰的观点，这是一种辩证关系，是看似对立的两极之间的紧张关系，也是所有自我改变问题的核心。林内翰的研究主要集中在对边缘型人格障碍患者的治疗上。她认为，我们生活中所有的痛苦都来自我们无法综合两种或两种以上看似矛盾的想法，但她指出，自我接受和改变之间特别的辩证关系，是人们每一次努力改变自己行为的核心关键。

关于如何打破接受自己的需要和做出改变的需要之间的内在紧张关系，罗杰斯、林内翰等专家得出了非常近似的结论——非主观判断的方法（这就是为什么罗杰斯的人本主义方法基于"无条件积极关注"，而林内翰宣扬佛教理想的"激进的接受"）。虽然我的方法并没有完全抛开主观判断（我相信有很多我们主观判断为"糟糕"的行为，实际上都可以判断为"对他人有益却被搞砸"的行为），而且我在生活中从没有体会到过林内翰所描述的纯粹的佛教意识，但我相信"改变的力场"这一概念也会让我得出相似的结论——你现在已经尽力做到了最好，同时你还可以努力做得更好。

根据勒温的观点，你现在的所处之地和欲往之地之间有一个空间，改变的驱动力和与之抗衡的抑制力的相遇点，便是你当前行为发生的地方。这意味着相互抗衡的力量之间的平衡在极大程度上决定了你的行为，但并不意味着什么都不会改变。相反，它表明在这个"场"中，需要改变某些事情，以便让你产生想要前进的欲望。这意味着你可以通过接受心理治疗、培养兴趣爱好、寻求朋友陪伴、多完成一些任务和增量目标、恋爱、去追求不会给你造成太多恐惧的目标等降低抑制力的方法，去寻找或看到构建自己希望和信念的途径。

几十年前，我亲眼见证有人用一种很聪明的办法主动改变了自己的"场"，迫使他直视镜子中自己的处境，这个人的名字叫埃里克。我和埃里克是在 20 世纪 80 年代中期认识的。白天，他在好莱坞的一家电视工作室当木匠，晚上，他就摇身变成朋克乐队的鼓手，在日落路口、回声公园和洛杉矶市中心的俱乐部演出。埃里克是一个很酷的人，是一个领导者、一个在地下音乐界真正受人尊敬的人。他也是个老烟枪，香烟让他的形象更加光彩夺目。他嘴里总是叼着一支烟，说话和工作的时候还时不时弹一下。我至今还记得，他从货车上跳下来准备演出，卸下设备，推上坡道，推到走廊下面的舞台上，路上也一直叼着烟。

埃里克已经结婚了，妻子刚刚生下他们第一个孩子。他的生活正在改变。对埃里克来说，他非常想戒烟。这是他平生第一次把吸烟看作是一个严重的问题，而不是一个浪漫的道具，他想找到一种方法让自己能够摆脱这种不良的嗜好。他尝试专家们建议的所有方法，但都失败了（用戒烟贴、嚼口香糖、催眠、参加戒烟小组），埃里克总是不由自主地陷入这一陋习中，并因为自己无法戒烟感到灰心和羞愧。而这种羞愧感也只有当妻子在他衣服上闻到烟味，或者发现他在小后院偷偷吸烟时，才会在埃里克心里隐隐作痛。埃里克的妻子很爱他，发现他失败后，依然温柔相待，但她的温柔只会让埃里克感觉更糟。

最后，埃里克想出了一个绝妙的主意。有一天，他让乐队的成员帮他拍一张吸烟的照片。为了拍这张照片，埃里克尽可能让自己看起来不酷，他低下头挤出自己的双下巴，挺起啤酒肚，露出焦虑不安的样子，把那一头完美的卷发揉成丑陋的鸟窝头。埃里克挑了其中最差的一张，在上面用红色记号笔大大地写了"白痴"两个字，然后拿去复印店复印了 100 份。其中有些照片很小，可以装进口袋，其余则放大为人像的大小。他把大一些的照片贴在了他家前后门内侧，贴在了货车的仪表板上，甚至在征得酒吧老板同意后，贴在了当地他最喜欢的酒吧的出口门上和小便池上方。

埃里克把小一些的照片交给他认识的每一个人，嘱咐他们谁要是看到他吸烟，就拿出这张"白痴卡"；看见他准备吸烟或者"形迹可疑"，比如他衣服上散发出烟味时，就拿出"白痴卡"。他告诉朋友们，当他们拿出卡片时，自己可能会对他们发火，但请他们别在意自己的态度。

埃里克的朋友、同事都觉得这个戒烟计划很有趣，仿佛变成一场表演。尽管埃里克的照片把他拍得像一个"白痴"，但周围人更尊重他了。埃里克让大家成了目睹他戒烟的观众，这样的行为可谓大胆，他的做法既富有创造性又充满勇气。这种愿意暴露自己像个白痴的做法也是相当的可爱。

这个计划奏效了，而且仅仅过了几周，他就把烟戒掉了。

过了一个月，那些"白痴卡"和海报就都成了过去式。在埃里克之前的戒烟尝试中，他对吸烟的态度就像牙医拔去蛀牙一样，直接对问题进行干预。而在新的方法中，埃里克更像一个农民，为他周围的勒温"场"增养施肥。他至少通过四种方式做到了这一点：

第一， 正视自己所处之地和自己目标之间的关系是一个不可避免的问题，而埃里克改变了处理问题的方式。

原先他站在一个干燥坚硬的位置上，秉持严肃精神，他面对的是烟瘾这个不受控制的问题，因此需要医学和类似医学的干预。通过创造"白痴卡"，埃里克转变为嬉戏精神，好像他手中握有改变的黏土，黏土足够湿润所以他可以随意捏成各种形状。结果是，吸烟习惯并不是导致埃里克经常感到羞愧的原因，而是一种容易控制的习惯。埃里克通过嬉戏的方式解决了这个问题，也显著地提升了他在照镜子时看到的自己的形象，这是埃里克改变周围"场"的第二种方式。

第二， 埃里克制造了许多反思的机会，这比他在之前几次戒烟尝试中的自我形象更令人易于接受。

无论埃里克走到哪里，他都会遇到一个自己制造的提醒，提醒自己如果吸烟就是个白痴。他之所以能忍受这种提醒方式，是因为这种玩笑的方式是由他自己所创、用于他自己并为了他自己好。羞愧感总是在藏匿中愈演愈烈，而埃里克的策略是通过将自己的行为暴露于光天化日之下，进而削弱了羞愧感的抑制力。但比起他仅仅因为一次新的尝试、戒烟失败或被抓到偷偷吸烟而对其行为进行的反思，这种方式对名声的损失要少一些。这一事实引出了埃里克改变周围"场"的第三种方式。

第三，埃里克通过改变人们监督他行为的方式来改变自己的习惯。

换句话说，他重写了《埃里克戒烟记》这个剧本。在发明"白痴卡"之前，埃里克常常认为自己没法改掉这个恶习是软弱的表现，所以他会掩盖自己试图戒烟的事实。不可避免的是，他的妻子和朋友一定会发现，知道他有新的目标，这将使他感到糟糕和羞愧。而现在的情况则大为不同。在埃里克导演的这出即兴表演中，他以"白痴卡"为道具，自己奉献了一场演出。他不再是提线木偶，不再处于尼古丁和意志力之间残酷的较量中，而是在做一些英勇、可爱、脆弱的事情。所有人都在支持他的努力，他的努力也让观众对他产生了一种真正的钦佩，同时他们也在提着醒埃里克：如果他吸烟就还是个"白痴"。

埃里克通过创造自己的街头剧形式，让周围的人们参与其中，进而创造出一面不同的镜子，来对抗自己更羞愧的反思。在这面镜子里，他是一个有自我效能的个体，在与周围的互动中让一些事情发生。这就引出了埃里克改变周围"场"的第四种方式。

第四，埃里克承担起自己解决问题的责任并提出了解决方案，从而提高了自我效能的体验（进而增加了对自己的信念）。

班杜拉，这位对自我效能感兴趣的实验心理学家指出，在某一个领域的有效，可以提高你在其他领域的整体自我效能感。通过将改变的过程掌握在自己手中，看到周围的人都渴望参与到这个过程中，埃里克创造了另一种成功，增强了自己戒烟成功的信心。换句话说，他对自己有了更大的信念。埃里克第一次忍住想在乐队练习时偷偷溜出去抽支烟的冲动，增强了他对自己有效管理生活能力的信念。第二次、第三次、第四次拒绝吸烟也都起到了相同的效果。如果埃里克把戒烟贴当作戒烟的唯一手段，他可能会感到某种自豪，有时会体会到更大的效能，但他将无法体会到按照自己方式改变时的那种更大量级的效能。

埃里克把自己的失败作为这出剧的源头，用自己的表演赢得了周围人的喜爱，进而发现了解锁改变的辩证法的钥匙：他发现一种方法，可以让他接受那个时候的自己。那些"白痴卡"既是他必须改变的标志，也是他勇气的象征。他采取了一种方法来衡量自己，衡量自己离目标的距离，同时他也承认自己还没有达到目标。

埃里克用自己的办法成功戒烟，已经有 40 年了。埃里克的故事之所以让我记忆犹新，是因为他在自我改变中所发挥的创造力。就像古希腊神话中用双肩支撑天空的巨神阿特拉斯和美国喜剧节目主持人艾米·波勒的孩子一样，埃里克伸开双臂环抱着整个问题"场"并移动它——每张"白痴卡"移动一步。

埃里克的故事在我的记忆中留下了深刻的印象，还因为它是我的行为的一个积极的反面。在埃里克制作"白痴卡"的时候，我正在表演的戏剧比他的复杂得多，我也在管理着我周围的镜子，但是我表演的目的和结果却大不相同。

埃里克实施的计划旨在应对耻辱的时刻，让每一个瞬间都充满幽默和善良，而我选择了一条大多数人都会选的路线——有时堂而皇之，有时小心翼翼，我通过表现得好像自己已经达成了目标来避免羞愧。

裤装画家、装模作样和自恋防御

在"白痴卡"时代，我和几个朋友住在洛杉矶市中心。艺术在那里蓬勃发展，而我们只是小小的参与者。我和室友经常去高尔基咖啡馆，那是一家通宵营业的俄罗斯咖啡馆，里面坐满了艺术家、表演者，还有看客。我们变得能熟练区分谁是真正的艺术家，谁不过是装模作样。真正的艺术家有一种精致的风格，他们衣服的颜色和图案在搭配上浑然天成，毫不费力。装模作样的人身上经常会传递出特别的信息：他们的裤子或鞋子上沾着颜料。他们的李维斯牛仔裤上的大块色斑仿佛在说："就是匆匆进来喝点荞麦粥，一会儿还要继续工作！"我们把这些人叫作"裤装画家"。

当然，我们那几个20多岁的小青年，杰夫后来当了图书管理员；迈克现在是一位律师；而我是一名社会学博士，也在为彼此"表演"我们自己的节目。我们扮成熟，仿佛是艺术圈里刻薄的老艺术家，用鼻孔打量着眼前这些"冒牌货"。实际上，这是我们采取的一个绝妙姿势，我们想要成为圈内人，所以我们假装成圈内人俯视那些装模作样的人。我猜，大多数裤装画家走了我和朋友们的路，而那些穿着更精致的艺术家可能会继续他们的职业生涯。

就我自己的经历而言，我的姿势是一种快速逃离无处可去的羞愧感的方法。回到我们住的阁楼，我的艺术作品像是对我良好的自我感觉的一种侮辱，因为我觉得自己已经是一位成名的、有创造力的艺术家，可以坐在小餐馆里品着茶，喝着罗宋汤，羞辱那些裤装画家。

问题不在于我所处的位置和我想要达到的位置之间的天然紧张关系，勒温认为这种紧张关系对激励我们非常重要，问题在于我现在的位置和我假装已经到达的目的地之间。我迫切需要一种感觉，那就是我已经成功掩盖了"我并没有做到"这一始终具有威胁性的耻辱。

这些想法的问题是：我害怕失去作为一个成名艺术家的体验，这种威胁使我不敢从事我需要做的、能帮我达成目标的工作。从头开始学习基础知识、练习技艺，这些都太丢脸了，因为这与我自编的表演不符。

我面临着两种不同的状态都很脆弱，而且不能维持，一种是我离理想还差得很远的羞愧，另一种是做出我已经实现了目标的浮夸姿态。心理分析学家有一个专门的术语来描述我在羞愧感和假装之间的挣扎——自恋防御。

你不必是一个彻底的自恋者才能部署这道防御，我们大多数人时常会用到它。当你陷入自恋防御时，你会认为自己很优秀从而保护你的自尊不受羞辱。这是一种脆弱的防御，因为它通常建立在你对自己的假设上，而这些假设是站不住脚的。当这些假设不成立时，它们只会加重你的羞愧感。

回想一下彼得，我在这一章开头描述的那个立志成为海洋生物学家的年轻人。他经历了那种在不相称的极度骄傲和极度羞愧之间的循环。彼得希望像他曾经获得水族馆"天才男孩"称号时那样为自己感到骄傲，希望能持续感受到这种自豪。因此，他通过在进修课上与别人比较，想象自己已经达到了成熟的海洋生物学家的地位。但是，当主管建议他努力进入大学，他真正坐下来填写大学申请表时，彼得的自尊心受到了伤害。换句话说，彼得把已经达到目标的幻想当成麻醉药来缓解自己远离目标的痛苦。当"麻醉剂"的作用最终消退，他对自己处境的感觉比从未使用过麻醉药时还要糟糕。"我感到很难堪，自己好像一个骗子。"彼得对我说的这句话，抓住了羞愧和实际成就让我们从骄傲的高处跌落的关系。我们用一个词来形容这种脆弱的骄傲——傲慢。

在自我改变方面，傲慢是一种骄傲的信念，相信你可以跳过谦卑的努力，实现从新手到大师的飞跃，直接到达你想去的目的地。彼得试图飞跃，他看到自己在进修课程上取得的优异成绩，尽管这些课程教授的是他已经知道的内容，但他以为自己已经达到了成为一名合格科学家的目标，于是便产生了一种傲慢的感觉。这就是我假装"裤装绘画"分社社长时试图做的事情：创造一个幻想，在这个幻想中，我已经实现了自己想要实现的目标，而且没有付出必要的、有时甚至是谦卑的努力。当彼得和我发现我们无法通过幻想或假装已经成功实现目标时，我们感到了失望，仿佛失去了前进的动力，以及由此产生了羞愧感。这就是自恋防御的快速舞蹈，在羞愧和傲慢之间来回跳跃。当你衡量现实的自我和理想的自我之间的距离时，它就会被激发出来。

你可以通过否认你自己以及你所处的位置，让自己从这支令人沮丧、充满焦虑的舞蹈中抽身出来。这样会让你感觉好一些，同时也会阻止你改变。因此，正如赞同自我接纳的人告诉我们的那样，你需要找到一种不断审视自己的方法，既不让自己陷入浮夸的幻想，也不让自己坠入羞愧的深渊。

改变需要一种特别的力量，有的人这种力量很强，有的则很弱，而且这种力量通常难以驾驭，难在需要让人保持谦逊。这就是埃里克的观众如此尊重他，还帮助他专注于戒烟目标的原因。

谦逊的调和力量

谦逊是傲慢的对立面，也是治疗羞愧的解药。谦逊的缺失则会导致自恋行为。如果说傲慢是浮夸幻想，那么谦逊则是脚踏实地。谦逊的拉丁语词根"humilitas"意为"从地上"。谦逊防止你自我膨胀，头脑发热。但这并不意味着它会让你在抱负中变得渺小，或在自卑中变得卑躬屈膝。当你真正做到谦逊时，你会对自己感到惊奇，在自己的才能中找到快乐。就像使用"白痴卡"的埃里克一样，你可以大方承认自己的缺点，也可以对自己想要实现的目标信心满满。事实上，你可以充满信心，因为你能承认自己的局限。在这里，谦逊像一块压舱石，压住你对自己超乎想象的想法，让你脚踏实地，把你和其他人联系起来，防止陷入自我幻想。而且谦逊还能让你避免感到太多的羞愧，不让你脸上沾满灰尘，让你的眼睛看到自己想要的东西。

如果埃里克没有战胜羞愧，他就不可能创造出"白痴卡"。当然，他可能只是简单地幻想着这一噱头会为他赢得大家的掌声和尊敬，但如果他只关注这种"次要收益"，那他永远也不会戒烟成功。因为人们谦逊地接受自己的缺点，才使得它既能抵消你对自己夸张和不现实的印象，也能抵消自我接受的温和冲动。谦逊不是屈辱，而是真正的自我接受，这才是重点。

我还想再补充一点，或许能说明谦逊的必要性。水手在海上，没有可见的地标，必须设法航行到他们想去的目的地。做到这一点，他们首先必须精确定位自己。谦逊给我们提供了自我定位的能力。如果你接受你现在的位置，就有了一个你想去的地方的参考点，我把这个定位空间叫作"谦逊区"。

谦逊区

希腊神话中的《伊卡洛斯》描述了一个关于谦逊的寓言。伊卡洛斯的父亲代达罗斯是一位伟大的工匠，他深知精确和耐心在创造美好事物中的重要性。他为自己和儿子打造了翅膀，但这些翅膀很脆弱。如果翅膀离太阳太近，把翅膀粘在一起的蜡就会融化，如果翅膀被海水浸湿，羽毛就会损坏。因此，父亲告诫儿子不要飞得太高或太低，在飞近太阳的骄傲和接近地面的耻辱之间绘制航线，避免离地面太近，不然海洋的浪花会浸透美丽的翅膀。他恳求伊卡洛斯留在太阳和大海之间，要求他的孩子在骄傲和耻辱之间的适度空间飞行，那就是谦逊区。

当你能够达到谦逊区时，你会感到足够的骄傲来继续前进，但不会太过，以至于让自己在想要的东西和得到它之间的紧张关系中迷失方向。你感到谦虚，但不会因为你在镜子里看到的形象而气馁。当你处在这个区域时，你会继续前进，因为你能够承受不完整的概念，而不依赖于自恋防御，还能够应对傲慢和羞愧之间不可避免的拉锯战。

当你对自己的信念因为失望而受伤时，你就很难达到谦逊区。彼得就是一个典型的例子。在从所处之地到达欲往之地的过程中，他感到越来越无助，越来越难以保持谦逊，他在已经到达这一目标的傲慢和因远离目标而产生的令人心碎的耻辱之间快速飞行。作为一个已经感到不完整的人，每当他坐下来填写那份申请表时，不完整的感受都会刺痛他，让他感到耻辱。彼得被困在了改变的辩证法中，他没有完成自己需要完成的事情，因为他不想感到不完整。为了避免这种经历，他创造了一些场景，在这些场景中他可以感觉到某种完整性。

跟我在 20 世纪 80 年代时一样，彼得也陷入了一个无休止的自恋循环，扼杀了他实现人生重要目标的动力。但说我们两人都缺乏动力却是不对的。事实上，我们都表现出了十足的动力，每个人都为那个看似已经达成的目标付出了额外的努力。我们被激励着，只是我们的目标不同于它看起来的样子。我们的目标是通过观众眼中的镜像来寻找缓解羞愧感的良药。

社会心理学家把我们从外界获取认可的倾向称为"外在动机"，而获得这种认可则是"外在目标"。他们将外在目标和内在目标进行了对比，内在目标能给人带来自身的满足感和意义，不受外在奖励的影响。就像彼得和我一样，当你实现外在目标的愿望超过了实现内在目标的愿望时，你就有可能失去实现后者的动力。

内在目标、外在目标以及自我完成的驱动力

一位运动员在体育馆里努力训练，因为这能让她更精通自己喜欢的运动，这是一种内在激励。她不是在追求荣誉，而是希望让自己变得更好，给自己带来满足感。自决理论的代表人物彼得·施穆克、蒂姆·凯瑟和理查德·瑞恩写道："内在目标是那些在追求的过程中会给人带来内在满足感的东西，因为它们可以满足对自主性、关联性、能力和成长的心理需求。"换句话说，内在目标就是诚实的目标。它们是关于你的，关于你的进步，因为你掌控自己。内在目标是你在谦逊区飞行时的目标。

外在目标通常源自希望通过外在奖励来解决无助的不安全感带来的痛苦。这些目标通常反映了对自己的不安全感。这些目标往往是"自欺"目标，将外部世界视为确认目标的主要地方。运动员在体育馆里格外努力训练，是因为想赢得一个奖杯，这样做是因为外在的动机。然而，外在动机并不总是像某些预期行为和奖励之间的交易那样简单。我们往往会受到外在动机的驱使，因为我们希望别人以更积极的态度看待我们。对于运动员来说，她想要的不仅是奖杯，还有掌声，也可能是她作为赢家的新身份，成为这场游戏中最厉害的人。而问题是，当你想要改变自己的时候，外在目标的"他者导向"会干扰你朝着内在目标前进的动力。当你想要的东西与你的身份有关时，这一点就尤为如此。

身份目标的微妙魔力

社会心理学家彼得·格尔维策和纽约大学的同事们认为，外在目标把一个人置于一个新的崇高地位——身份目标，换句话说就是，这个目标表达了你如何向别人展示你自己。显然，身份目标可以是职业目标（"我是一名医生"），也可以是掌握一项爱好的目标（"我是一名飞钓者"），但改变一个习惯也可以作为身份目标。格尔维策等人研究了身份目标和动机之间的关系。

格尔维策的团队有一个关于身份目标和过早完成之间关系的理论，叫作"自我完成理论"。他们认为，当一个人过于迅速地进入一种需要努力才能获得的身份时，那么为获得这种身份所需的持续激励所产生的紧张感就会被破坏。这意味着，如果你有一种主观的感觉，认为自己在真正达到目标之前就已经完成，你就会失去真正实现这一目标的动力。格尔维策等人的意思是，当你傲慢地接受一种你并没有真正达到的地位时，你就扼杀了自己达到那种地位的能力。

自我完成理论家是勒温理论的拥趸，你可以在他们的思想中看到勒温思想的印记。想想你在追求自己希望实现的目标时那种恰到好处的紧张感。你一心想要完成这个目标，看到它便看到了一些不完整性，激励着你去实现它。但是如果你告诉自己你已经达到了这个目标，那种紧张就会变得松弛，因为你已经说服自己相信事情已经完成了。

　　这就是发生在彼得身上的事，他认为自己已经达到了海洋生物学家的目标，那是他想象中这个专业顶尖人物的身份。彼得傲慢地把自己放在终点线的另一边，于是失去了他实际上的所处之地和欲往之地之间那种勒温式的紧张关系。换句话说，他的外在目标得到了满足，而这种满足感使他感受不到动力去达成内在目标。

　　很多自我完成的行为都和这些思想家所说的"符号自我完成"有关。"符号自我完成"关乎你对他人做的或说的那些小事，这些小事将你的行为与特定的身份目标联系起来。当其他人意识到这些行为时，它们对你来说就像一面面镜子，反映出你非常接近自己想要的身份。这就是为什么刚刚获得博士学位的人更有可能在家里或办公室显眼的地方展示自己的学位证书，而著名的教授可能根本就不会这样做。

　　彼得在进修课上的经历就是一个早期的"符号自我完成"的例子。在那些课堂上，老师把彼得当成自己的同伴，这让彼得能够在别人面前表现得好像已经成为海洋生物学家、顺利从大学毕业，并且是他所在领域的大师。然而，这些"符号自我完成"的时刻对彼得来说是短暂的，只存在于一周一次的进修课上。在其他情况下，比如他和主管交谈的时候，或者填写大学申请表时候，他找不到一个愿意观看他表演的观众。结果，他因为没能达到外在目标而大失所望。

我在彼得那个年纪的时候，对裤装画家们评头论足，比彼得表演得更持久、更完整。我进入了傲慢区并且乐此不疲。整日和那帮"评论家"混迹在一起，从不太敢接近真正的艺术家，因为害怕会露馅，也从来没有真正在我的艺术发展上用过心力。我呈现出自己想成为的那个人的全部特征，却没有去做与我假扮的那个人相关的工作。

我的内在目标在与外在的、自我完成的目标的"战斗"中惨败。我每天穿上道具服，让自己看起来更真实，扮演一个优越感十足的角色，只用几秒钟就能发现咖啡馆里另一角的一个"艺术家"。而所有的这一切，都是为了避免看到镜子里的自己时产生羞愧，避免看清自己离目标还有很远很远。

也许我的扮相很极端，但我们每个人多少都会装模作样，想要不付出努力就达到一种结束和完成的感觉。这种内在的装模作样往往以微妙的方式决定着我们内在目标的命运。它就像一个鬼鬼祟祟的小恶魔，经常悄无声息地侵入我们与他人的交往过程中。

事实上，告诉别人你的身份目标会降低你的动力。你会认为越多人知道你的目标，你就越有可能坚持下去，因为告诉别人会让你更有责任感。但是格尔维策的团队认为事实恰恰相反。他们的研究表明，你越跟别人说你的目标，你的动力就越小。听起来有悖常理，对吗？事情是这样的，当你告诉别人自己的意图，而他们也确认理解你正在进行改变时，你的大脑因渴望消弭所有的差距会形成一种倾向，相信你已经达到了目标。"大家好，我在减肥"就被错误理解成"嘿，我瘦了"。

从某种意义上说，当你在谈论身份目标时，你是在接近你的外在目标。告诉别人"我在减肥"，会让你把自己走在减肥之路上当成你的身份（"我是减肥者"）。通过让自己在别人眼中看起来是走在这条路上的，你作为一个减肥的人想要感觉更好的外在目标就得到了满足。这意味着，傲慢的机会，哪怕只有一点点傲慢，那种不劳而获的骄傲总是会飞快、神奇地消失。当你摆脱了衡量你现在所处位置和想要达到的位置之间距离的痛苦，你也就放松了对激励你前进非常重要的紧张感。

当身份目标成为你改变的主要动力时，它们会以另一种方式欺骗你，实际上会使这种紧张变得难以承受。这就是彼得的处境。他想让自己感觉像一个成熟的海洋生物学家，但每次坐下来准备填大学申请时，那些表格就会提醒他，他离自己想要的身份还差得很远。因为相较于刚开始选择踏上这条职业道路时彼得感受到的那种骄傲，现在朝着这个职业生涯前进反而让他觉得距离目标更远了，而且由于他非常想接近那个目标，所以他失去了动力。

彼得想要获得身份完成体验的外在动机超越了仅仅为了内在价值而获得某物的内在动机。因为他对外界认可的渴望包裹住了他每天为实现目标所做的工作的内在价值，他也没有得到只有在任务完成时才会得到的内在回报，因此他变得灰心丧气。

换句话说，彼得想要证明自己是海洋生物学家而寻求的奖励是不可能一蹴而就的，所以他发现自己的处境将毫无收获。这种失望体验粉碎了他的希望，彼得感觉自己已经达到目标，然后在另一个毁灭性的打击后，他意识到自己还没有。

就像彼得一样，当你觉得自己已经达到了某个终点，而实际上你还没有，你要么会太放松，要么会因绷得太紧而痛苦，但你现在所处的位置和你想要达到的位置之间的差距会增强你的动力。换句话说，当你缺乏谦逊的调和力量时，你生活中的一切都失去了控制，你在两股汹涌的力量之间来回穿梭。在傲慢与羞愧之间跳来跳去，在这个总是提供快速解决方案的世界里，通往早期完成自我的捷径可能因此变成一个恶性循环。

约翰在减肥方面所做的努力，说明了一个人是如何陷入这种恶性循环，并最终放弃了"改变是唯一出路"的想法的。对照医生给的图表，约翰确实属于肥胖。他垂头丧气地走出医生的办公室。约翰以前来过这里，也很努力地减肥。现在他又回来了，心想：我真是太愚蠢了，我怎么又要这么做了？我还要忍受多久的肥胖？

约翰感到羞愧难当。他想要逃离这种感觉，这让他的注意力只集中在一件不可能的事情上，那就是对立刻变瘦的迫切需求。他没有谦虚地把自己的位置和目标联系起来，对前方漫长道路的憧憬只会增加他的痛苦。他在恐慌中想要摧毁能把他带到他想去的地方的那种紧张感，但只有当他能够清楚地看到他的位置和他的目标时，才会产生激励的紧张感。

医生是在敲响警钟，我需要这个警钟来迫使我减肥。这么想让约翰感觉好了一些。他在车里给女朋友打了电话，告诉她这个消息，然后很快描述了他将如何实施减肥计划。女朋友向他表示祝贺，然后向他推荐了一本据说很有效的书。

约翰现在是一名减肥者了，带着一点"符号自我完成"，他来到书店，买了一本关于节食的书。回到公寓后，约翰坐在沙发上，开始阅读第一章。然后，他把冰箱和橱柜里所有诱人的、会使人发胖的食物都倒了出来。他去了杂货店，买了一些更健康的食物。回家后，他把买的东西放好，按照书中的食谱为自己做了一顿低碳水的晚餐。吃晚饭的时候，他看了一些网上成功减肥的故事。然后他打电话给女朋友，告诉她自己对开始艰苦的减肥之旅是多么兴奋。

从表面看，约翰似乎采取了所有正确的步骤，从多个方面开始减肥，并且尽可能多地学习关于健康饮食的知识。但在他对减肥的热切追求中，他也在试图确立自己的一种身份。他正在上演一出名为《约翰的减肥生活》的好戏，目前他是唯一的观众，也是舞台上扮演"节食者"的演员。为了确认他现在确实是减肥者的身份，他打电话给女朋友，并向她提供了该剧的剧情梗概。约翰的女朋友对这出剧很感兴趣，于是加入了观众的行列。

到晚上结束的时候，约翰感到充满活力、积极乐观。事实上，他比走进医生办公室前更快乐、更兴奋了。买书、清空冰箱、购买健康的食物、读成功的案例，约翰花了一个晚上的时间做这些事，也让他觉得自己不仅在节食，而且自己现在是一个减肥者了。约翰为自己的肥胖感到羞愧，而扮演减肥者给予了自己慰藉。这招确实奏效，约翰仿佛感觉自己已经成功了，而且瘦了不少。

第二天早上约翰醒来后，认真盘算着完成第一天的节食计划。他在吃第二顿规定餐食的时候，一种骄傲感油然而生。中午，他和同事去自助餐厅吃午饭，要了一份沙拉。当约翰在桌边坐下时，他们立刻注意到了他的餐点。他骄傲地告诉同事们自己在减肥，顺势邀请他们加入了自己的这场"演出"。同事们都祝贺他。约翰感到的骄傲已经变成了一种更强烈的东西——真正的兴奋，他正在认真地朝着自己的目标前进。当他坐回自己的小隔间里时，他仿佛感觉身上的赘肉正在融化，他喜欢这种感觉。

约翰打电话给女朋友商量晚上的约会，还骄傲地提醒她，他们需要选择一个饮食健康的地方。他挂上电话后，想到自己这么自律，感觉自尊心又上升了一个档次。吃晚餐时，就像午餐时一样，约翰和女朋友讲起他减肥的第一天，并且坚定地承诺这一次会坚持下去。

那天晚上走在回家的路上，约翰感觉自己仿佛进入了一台时光机，到达未来那个辉煌的时刻，医生再次检查了他的体重，然后高兴地说他的身体质量指数非常完美。这真是太不可思议了，对约翰来说，这是一个非常满足的时刻。现在，他的思想因乐观而火热，他认为自己已经接近目标，而不是才刚刚开始。换句话说，他没有达到的目标和他想要达到的目标之间的紧张关系变得松弛了，其实这很危险。

约翰对未来乐观的预期与他第一天减肥只进行了四分之三的事实并不相符。一夜之间，他从耻辱的深渊到达骄傲的顶峰。约翰正在迅速填补他现在的位置和想要达到的位置之间的差距。在纯粹幻想的光芒下，他深受鼓舞，也处于再次陷入耻辱的危险之中。

回到家时，约翰感到稍微有点饿。他看了看冰箱，目光落在了花椰菜后面的冰激凌上。他觉得自己在控制饮食上已经做得很好了，吃上一两勺冰激凌不会怎么样，只是庆祝一下而已。于是，约翰吃完了那一盒。

最后一勺的冰激凌滴在他的舌头上，约翰觉得自己背负着沉重的耻辱，无法保持几分钟前还充满自豪的高涨体验。他又一次进入了耻辱区，他自己作为减肥英雄的形象被打破了。他打电话给女朋友，说了事情的经过。

"你吃了一点冰激凌，这完全没问题，不要对自己太苛刻了。这次不一样，约翰，我看得出来。"

他也认为自己那么沮丧很可笑，但那种羞愧感仍然挥之不去。第二天，约翰在节食上做得很好，又向女朋友汇报了每一次成功，又得到了同事们的赞扬。那天晚上，在节食了一天之后，约翰和父母就他的减肥进展进行了一番愉快的谈话，在回家的路上，他在一个超市停了下来。挑选完减肥需要的食物后，他又有了一种难以抑制的自豪感。约翰想：我顺利地度过了第二天，现在正在为明天做好准备，冰激凌那次不过是一次小挫折，我是真的要把节食坚持下去。约翰再一次被传送到未来自己达成目标的时刻。他得意扬扬，有一种想要庆祝自己成功的冲动，他把一小袋薯片放进了购物车。

走进公寓，约翰感觉像回到了时光机里，但时间转到了医生办公室里，他听到关于自己体重的坏消息的那一刻，他觉得自己又被困住了，减肥的目标太遥不可及。于是，他把自己的问题进行了反事实假设：老天啊，薯片？我刚刚竟然吃了世界上最糟糕的东西！我在做什么啊！笨蛋！白痴！蠢货！我本来可以多成功一天的！

约翰深深陷入了傲慢与羞愧的循环之中。他通过在完成感中攀爬到一个过高的高度来保护自己，不让自己觉得自己没有能力迅速变瘦。然而，每一次他到达高处时，也都是处在返回到低处的路上。从傲慢区开始，缓慢的、乏味的减肥行动，一个谦虚但有激励作用的步骤，让人感到羞愧。这与约翰认为自己高于一切的想法不相符。然而，每当他的情绪因"大获成功"的喜悦而高涨时，促使他减肥的紧张情绪就会松弛下来。

约翰躺在床上，把脸埋在枕头里，他无法忍受那种压倒他的感觉，那种几乎是遍布全身的、让人羞愧的焦躁和不耐烦。妄想成功的愚蠢时刻让他醒悟，但他不想让自己感觉像个失败者。约翰渴望医生告诉他体重之前的那个时候。减肥之前的约翰，没有在"想象的变瘦高峰"和"丑陋的失望深渊"之间被来回拉扯。他无法想象在没有确凿证据证明这种减肥方法有效的情况下，自己是否还能坚持下去。

他开始每天早上称体重，每次都感到更加沮丧。减肥的第二周结束时，约翰又恢复了他原来的饮食习惯。他现在很尴尬，因为他一开始告诉了别人他在减肥。随着时间的流逝，他又回到了一种更平静、更熟悉的生活中，不再有那么多情绪上的起起落落，不再那么羞愧，也不再有宏伟的想法。

事情是这样的，约翰设定减肥这一内在目标，但这个目标却被一个外在目标暗中破坏了，这个外在目标比内在目标更有力量——通过他人的肯定，获得自我完成的感觉来逃避羞愧感。他为自己的体重感到羞愧，于是找了一种慰藉，一种能不让他感到自己离目标还差得很远的东西。通过和别人谈论他的减肥、过分关注饮食，他在脑海中创造了一种虚幻的生活，在这种生活中，他的身份目标比现实中更完整。约翰主观上认为自己已经达到了外在目标，消除了激励他达到内在目标的最重要的紧张关系，因为他的大脑欺骗了他，让他相信自己已经达到了减肥目标。

约翰的思想不仅在羞愧和傲慢之间跳来跳去，也在未来和过去之间来回快速切换，却很少停留在当下。他对过去的约翰想了很多，他犯的所有错误让他再次变胖。他还对未来的约翰想了很多，他又瘦又骄傲。但是考虑到谦逊需要他面对在想要的东西和得到它之间的道路上他所处的位置，他无法让注意力保持在自己现在的减肥上。

你曾遇到过约翰试图做出改变时那种经历吗？我遇到过。当我想要改变生活中的一些事情时，我会审视这漫长的过程，经常会在必要的时候停下来，衡量自己离顶峰还有多远。但我也不想感觉自己已经放弃了。然后，我被困住了，停在了斜坡上，一边是看着自己所在的位置，而另一边是对转身往回走感到羞愧。

当傲慢提供了看似可行的解决方案时，就到了"我该留下还是我该走"的时候：不要放弃！跟我来，我会让你轻松的。我现在就带你去实现目标。但是后来，当我试着去处理日常的实际工作时，发现傲慢实际上欺骗了我，而我又愚蠢地回到开始的地方。我觉得羞愧难当，于是想要寻求办法逃避这种感觉。我打赌你能猜到是什么回应了这个逃避的需求，一直以来，在羞愧和傲慢的跷跷板中，谦逊像中间的孩子一样被忽视了。

不成熟的自我完成经历，对你傲慢、自恋的那部分来说是糖果：通过假装你已经到达目标，用甜蜜的、无热量的方式来避免让你因为看到自己的位置和它与你想去的地方的关系而感到羞愧。但恰恰因为它们让你看不到自己的真实位置，它们也阻止你继续前进。当你看不到自己所处的位置时，你就不可能考虑清楚下一步行动的利弊。

自我接纳是改变的前提，很大程度上是因为它是沉思的前提。除非你停下来，面对镜子，好好审视一下自己，否则你无法思考自己当前的位置。

沉思、变化的阶段以及看到你所处位置的先决条件

在心理治疗行业，尤其是在成瘾治疗领域，我们经常会思考变化的阶段。这个想法来自"阶段变化模型"，是由普罗查斯卡和狄克莱门特在 20 世纪 70 年代后期发展起来的。当我在这本书中断言沉思背后的科学是改变的关键时，我主要参考了他们的研究。

阶段变化模型认为你会经历几个阶段的变化：预沉思，在这个阶段里你不打算解决问题；沉思，在沉思中你开始考虑必须采取行动；准备，当你朝着目标迈出第一步的时候；行动，当你真正开始前进的时候；维护，当你继续实行你所做的改变时。

当我们走向改变的时候，大多数人不会灵活地从一个阶段跳到另一个阶段，然后采取行动，而是在不同的阶段之间来回转换。我们会想：这的确是一个问题，我打算做点什么。可到了第二天又会想：嗯，这真的没什么大不了的。约翰是一个典

型的示例，展现了我们在这几个阶段里来回切换的过程，以及这个简单的阶段模型是如何帮助我们理解自我改变背后复杂的工作原理的。

从表面上看，约翰似乎在沉思和行动之间进退维谷。他看到了问题——表现在他和多少人讲过自己要减肥、自己为节食准备了多少，然而他却难以接受正在考虑的东西并使之付诸行动，可实际上他根本就没有思考。问题的症结在于，约翰通过做一些事情让自己看起来像是完全明白自己在他所在的地方和他想要去的地方之间的位置，从而阻止了自己"照镜子"。换句话说，他作为减肥者的表现让他处于一种预沉思的状态。

约翰的问题核心是缺乏自我接纳。由于无法准确地看清自己所在的位置以及想要达到的位置，他总是在改变的各个阶段之间跳来跳去。约翰在开始节食前，不管是通过心理治疗、瑜伽还是冥想练习，他都需要对自己进行一些有益的锻炼。他需要一种方法来达到更高的自我理解的状态，让他在面对生活时可以少一些恐惧，多一些勇气和韧性。

面对镜中的自己意味着面对责任和孤独。改变你的镜中形象，需要你有能力承受深刻的无能为力带来的风险，还要求你超越对希望的恐惧，按照信念行事。这还不是全部，能够照照镜子，思考自己的所处的位置，需要你超越当前发生在你身上的许多其他事情。换句话说，如果你相信自我接纳是一种可以通过自我治疗达到的持续性的状态，那你还是太天真了。

箭头的独立移动和改变的不可预测性

我们不一定总能做到透过镜子观察自己、看到自己的缺点和一切。我们生活在既有驱动又有抑制力的复杂"场"中。当你开始去实现自我改变时，你可以相信一个重要的驱动力（希望）和一个抑制力（存在焦虑）将始终存在。除此之外，你所在的"场"中的箭头对你的状况来说是独一无二的。从你在社会中的处境，到简单的一周工作好坏的经历，很多这些箭头都超出了你的控制范围。

想象一下，你在一节飞速行驶的地铁车厢里。你注视着自己在对面窗户上的影子。起初，地铁行驶在黑暗的隧道里，所以车窗上的人影在车厢的光线下非常清晰，车窗玻璃几乎是一面完美的镜子。然后车厢外的光线迅速在明暗之间转换，你在玻璃上的影子亦是如此。你到达一个车站时，影子就消失了。乘客们陆续上车，车门关闭，地铁驶入另一条隧道。你在玻璃上的影子又出现了，车厢里明亮如白昼。当地铁上升到地面轨道时，你的影子会从窗口上消失很长一段时间，直到列车降到地下，它又会突然出现，坐在那里，在镜子里注视着你。

地铁车窗中忽明忽暗的影子，就是我们大多数人如何经历自我接纳的写照：它来了又去，有时会存在很长一段时间，有时又会奇怪地消失。这些影子之所以时隐时现，是我们自己的长处和能力以及周围发生的一切共同作用的结果，地铁载着我们飞驰的景象就如同我们的生活。这使得改变变得神秘。你不可能知道所有推动你前进或阻碍你前进的因素。

你是否曾经制定过一个长期的目标，一次又一次在第一步的时候就放弃了，最后却莫名其妙地又开始前进？我经常这样，对我来说，这种突如其来的迟来的活力完全出乎意料。我环顾四周，想不出"为什么是今天"。

我猜产生改变的动机，是因为在我上一次失败与目前的成功之间的这个"场"中，某种东西转移了，提振了我的自我效能感和自尊心，给了我足够的安全感，让我敢于直视自己在"场"中的位置、现在的位置和想要去的地方。这些不需要太多：我和妻子度过了美好的一天——对周围的一切抱有希望的感觉包裹着我；我喜欢与客户进行热情的交流——我对很多事情的信心都有所增强；我处理了一堆一直在拖延的事务——突然觉得我也可以处理好生活中其他方面的事情。这些看似微不足道的事情给我的生活带来了些许启发和秩序，一些我经常察觉不到的东西让我更加充满希望，生活中多一点阳光增强了我向上实现目标的能力。

想要把海洋生物学作为自己专业的彼得就是这样一个例子，告诉我们向上的箭头并不总是在我们的控制范围之内。

彼得退出治疗一年半后的某一天，我在一家墨西哥外卖店排队等候。这时我用余光注意到一个人向我走来。那是彼得，他从野餐长凳上起身信步朝我走来，一个年轻女人坐在那儿看着我们。

"很抱歉我退出治疗了,那样做太糟糕了。"他说。

"这是常有的事。我可以问问你后来怎么样了吗?"

"当然可以。大体来说,在我们第二次见面后,我到了一家酒吧,遇到了一个非常棒的女孩。"他指着坐在长凳上的年轻女孩,女孩微笑着挥手。"这是萨曼莎,我们深爱着对方。她鼓励我振作起来,申请入学,然后去上学。"

彼得已经在一所名牌大学学习生物学预科课程,现在正是假期。他现在和萨曼莎住在一起。萨曼莎是医学预科生。

"我很喜欢现在的状态。"他告诉我,然后把我介绍给他的女朋友,这时萨曼莎已经走了过来。"萨曼莎,这是我之前见过几次的咨询师。"

我最后一次在治疗过程中见到彼得时,他马上要进入第六个为做出重大改变而苦苦挣扎的年头,在追求目标的道路上,他一年比一年落后于自己的朋友。当他没有提前通知就退出治疗时,我以为他还没有准备好去改变,想象着他在未来几年挣扎着申请大学的情景。但在这里,他沐浴在一种真正的自我完成感中,充满激情、活力四射,眼睛中散发出光芒,一切都在正常进行。

彼得需要更强大的自我接纳才能前进。然而,他依靠不可预知的事件来实现了这一点:与合适的女人的一次偶然相遇和共同的新生活。这些事件改变了他周围的"场",增强了他的驱动力，而且削弱了抑制力。彼得可能在某个时候进入研究生院学习，尽管在那个画面中可能没有萨曼莎的身影，但是与她相爱之后，彼得加快了实现自己目标的步伐，而且大大提高了实现目标的可能性。

彼得可能发生的一个转变，与他维持现状的态度有关。与萨曼莎相爱降低了彼得通过读研究生来获得外界认可的需求。通过降低诸如达到和朋友一样的地位等外在目标的干扰，成为一名海洋生物学家这一内在目标变得更清晰，不再那么困惑，内在目标在与外在需求的"战斗"中大获全胜。一旦内在目标成为彼得的主要目标，他就能更冷静地应对自己所处的位置。他不是为了感到完整而疯狂地奔跑；相反，他正在朝着自己热爱的学习领域前进。这让他摆脱了那种让他拒绝前进的羞愧感。

换句话说，对彼得来说，萨曼莎比治疗更重要。

在变幻莫测的变化中发现美

依靠个人努力的概念非常有说服力——你是自己命运的主宰者，是行业的领航人，世界尽在你手中。但这是一个骗局，谦逊对待变化的方式，它既是行动和能力的产物，也是你周围各种错综复杂的相互作用、权力关系和不同层次的资源的产物，可能看起来笨拙而丑陋。

就我个人而言，我觉得我们生活在美丽的"场"中。我甚至觉得这很美妙，这意味着我永远无法因为我的客户做出了惊人的改变而庆祝自己的成功。我不知道是什么导致了这些变化。我看到的这些人，他们的整个人生，都生活在我无法控制甚至从未见过的"场"里。

　　他们的"场"里发生了什么变化，才让他们产生足够的自我接纳和谦逊来继续前进，这种不确定性是一个谜。作为一个独立完成自我的老手，我束手无策。

第九章

我们离真正的改变还有多远

———————— · ————————

吸引我们的是高峰，不是台阶。纵使山在眼前，
我们还是喜欢在平原上行走。

——约翰·沃尔夫冈·冯·歌德

理由七：维持现状让你不必被跬步羞辱

经过了长时间的艰苦跋涉，你终于成功登顶，见到了减肥
大师。你走了这么远的路，但他只允许你提一个问题。你仔细
思考，然后有一个问题浮现在脑海，那是一个困扰了减肥者几
十年的谜题——我究竟应该多久称一次体重？

大师思考着你的问题，然后望向你身后的山谷，脸上浮现
出一种平静而神秘的表情。"体重秤宛若你的邻居，应该少去
打听，每周敲门的次数不要超过一次。"

多么睿智，你思忖着。

"等一下！哈佛大学的研究表明，对体重秤的过分关注会产生误导，最终使你沮丧和气馁。"

他的回答已经很明了，甚至还有常春藤名校的研究背书。你谢过大师，转身准备离去，刚迈出一步就听见背后有人喊"留步"。你转过身，抬头望着坐在高台上的大师。

"或许你应该每天都称一次体重，等待的时间如果太久，你会发疯的。康奈尔大学的学者们有这样一句名言：'称体重应该像刷牙一样。'是的，孩子。每天称一次，这就是答案。"

你有点困惑，停下来思考这个与之前矛盾的答案，然后接受了这个答案："我明白了，答案是每天一次。"你一边说着，一边小心翼翼地退向身后的岩石小路。

正当你要转身下山时，你又一次听见背后有人喊"留步"，你第三次抬头望向高台上的大师，此时他手中拿着本书。

"我刚想起来，孩子，这里有一本快递刚送来的书。"他一边说，一边翻动着那本名为《谨慎饮食》的书，而你站在一旁等着，"找到了，是这句：'把体重秤收起来吧，把它藏起来、扔掉、送人，或者用不干胶把数字遮住。'没错，这就是答案。"

大师凝望着山谷，郑重说道："问题本身不在于多久称一次体重，而在于体重秤本身。"

你回到山下，比你上山前更加困惑了。当你减肥的时候，体重秤牵扯了你全部的精力：把称校准、决定不去校准、在特定时间段称体重、改变称体重的时间、把体重秤扔了、在健身房悄悄称体重以查证那里的秤是否精准。你受够了这些体重秤带给你的困扰，并且去互联网上搜索关于健康的信息，但这是一个严重的错误，因为你只能看到各种相互矛盾的建议，其中很多都没什么用。

是什么让你在这个小小的、扁扁的家用物件面前如此脆弱？体重秤通过数字衡量你的进展。它要求你放下那些傲慢的愿望，让你感受自己为实现这个目标迈出的那一小步，而这些往往令人难以忍受。

为了改变，你必须一步步地向目标前进，而每一步都是对你的羞辱，因为它提醒着你所处的位置，以及你还需要走多远才能到达你的目标。要想保持住这种通往改变的增量，你需要有能力去设想你想要实现的目标，同时能够有分寸地去行动，看清事物本质，一寸一寸前进。

之前的内容建立在这样一个前提下：改变需要你对"渴望改变"采取兼而有之的态度，你既要看到对自己不满意的地方，又要接受自己已经尽力而为了。要坚持后者是很困难的，因为改变首先需要前者，在你不愿去看的地方反复衡量自己。如果这种衡量在整个改变的过程中只需要一次——例如在某个单一范围内实现改变，这种情况下就不需要积累跬步了——那么我们将非常容易做到自我接纳。但自我改变往往意味着一步步向目标迈进，这通常需要你不断审视自己在实现目标的过程中所处的位置、需要付出的努力以及需要克服的障碍。

理由七讲的就是你与这些踉步之间的纠缠。你可能对自己有宏伟的规划，有一个伟大的梦想，成为更好的自己。但是，当你开始改变的时候，就如同婴儿在蹒跚学步。

蹒跚学步不是为婴儿准备的

"改变意味着为自己设定一个小而合理的目标，一步一个脚印，过好每一天。"里奥·M.马文博士在《蹒跚学步：一步一个脚印的生活指南》一书中这样写道。如果你是比尔·默瑞的粉丝，你可能会很快认出这位博士的名字和他的书名。马文是喜剧电影《天才也疯狂》中的虚构人物，由理查德·德莱福斯扮演。他是一位精神病医生，也是剧中的大反派。马文博士的建议其实是正确的，这个我将在稍后解释。然而，这条建议却是由马文这样一个漠不关心、傲慢自大的医生给出的。在通往改变的道路上，每一小步都有其固有的侮辱性。必须迈出这些踉步让我们感觉受到了羞辱，它们似乎在持续不断地抨击着我们的无能。

我那位正在学西班牙语的朋友安就是一个很好的例子，这个例子告诉我，当你面对的改变需要循序渐进地完成的而非一蹴而就时，你的动力可能会遭受"千刀万剐"。有一天喝咖啡的时候，她向我讲述了她最近做出的尝试。

"我能读懂并说几句西班牙语了，"她说，"但是当我听到西班牙语时，我完全听不懂。我觉得自己太蠢了。"

"当你听不懂时，你会想些什么？"我问她。

"我基本上会想：放弃吧！"她说，"我觉得我永远也学不会了。我会想也许我只是在这方面表现得比较笨，或者我不擅长这个，所以我干吗还要自寻烦恼呢？我的意思是，如果我继续学下去，那将只是自取其辱。"

"你对自己真苛刻。"

"我知道！这实在令我抓狂。我可不希望在墨西哥时还要整天用翻译软件。如果我能和当地人交谈，当地人也不拿我当外人，那感觉该多好啊！我会比其他人少一些游客的感觉，我真的爱死了刚开始学西班牙语时我脑海中的那个画面：我在一个小市场的摊位前，跟摊主随意地聊着天。当我学了西班牙语后才发现，这一切简直不可能做到。"

"我明白了。所以到目前为止，你都是怎么学的？"

安思考了几秒钟。然后，就像她经常做的那样，她开始自嘲起来："我只不过报了个西班牙语会话班，然后跟着一个手机软件学西班牙语。"她说。

我也笑了起来："这个软件你用多久了？"

安有些紧张："大概3天吧。我甚至还没买付费版，到现在用的还是试用版！而且我只有睡觉前会用一用它，中途还得玩一会儿游戏。总体说来，这个软件我大概只用了20分钟。"

我们一起大笑起来，安略带讽刺地说道："我觉得我现在应该能说一口流利的西班牙语。就好像明天到了墨西哥，我就能在街上和当地人流利地交谈，而他们会惊呼："你怎么一点儿美国口音都没有？'"

"所以你现在有什么计划？"我问道。

安不再笑了，她看起来有些失落："我不知道。其实现在开始学西班牙语也没什么大不了。说真的，我觉得我糊弄了自己。"

"糊弄了自己？"

"是啊，我觉得我在自己面前让自己难堪了，你懂我的意思吧。我脑海中有许多我流利地说着西班牙语的很棒的画面，但那只是一堆愚蠢的幻想，因为我并没有为了达到目标做任何努力。我觉得自己像派对上那个自认为自己跳舞很好的人，但其实并不在行，所以大家都在嘲笑她。"

我们都轻笑了一下，但感觉并不舒服，于是我们把话题转到别的事情上去了。安陷入了我在之前描述的那个循环，她在循环中意识到自己当前的状态和最终目标之间的距离会伤害到她的动机。而如果安想说一口流利的西班牙语，她就必须一遍又一遍地测量这个距离。

安并没有完完全全地被困住，她已经朝着目标走了几步，比如下载手机软件并报名上课。但初始的这几步让她看到了她之后需要走的路程，这削弱了她的动力，而不是激励她继续迈进。

以下是我认为发生在安身上的事情：当她在尝试学习西班牙语之前想到自己流利地说西班牙语这个画面时，这是一个令她感到满意的幻想：脑海中一个还未在实际的学习过程中破灭的可爱的泡泡。然而，当安开始学习西班牙语时，她就能更好更准确评估她和目标之间的距离。然而更现实的评估会带来更大的失望。安让自己处于了一个终究会跌落下去的位置。她对学习一门新语言的过程抱有不切实际的乐观态度。她对"和当地摊贩用西班牙语闲聊"这一终极目标的幻想太过耀眼，其光芒盖过了那个不那么浪漫的现实，即她必须学习大量词汇和复杂语法，并为此花费大量的时间和精力。用西班牙语数到 3 和流利地与西班牙语国家的人进行交谈之间存在着鸿沟，这让安不得不谦逊下来，像婴儿一样蹒跚学步。如果她从未因学习西班牙语这一念头兴奋过，她可能就不会那么失望了。

困在这种矛盾中的安渴望回到以前的状态，在那种状态里，她可以随意地把学习西班牙语当作一个模糊的、未来的目标。这让她觉得舒服、安全，不必受到一系列的羞辱，这种羞辱只要她努力去学，就一定会在学习的过程中感受到。所以，就像她自己说的那样："我这是何苦呢？"

摆在安面前的是两个选择，一个是快乐地生活在头脑中那个"总有一天我会学习西班牙语"的泡泡里，另一个是通过切实的努力朝目标迈进来应对那种感觉自己不完整的痛苦体验，从而看到她离她想要的目标有多远，并对此失望。面对这两个选择，她那自我保护的部分胜出了。这是一个自相矛盾的事情，当安在现实中并没有追求她的目标时，她对自己的目标很兴奋；当她开始朝着目标迈进时，她反而觉得受伤。

　　每一个希望中都包含着失望的风险，你对美好未来的期望值越高，你就越有可能陷入失望。踱步不仅会让你对未来可能发生的失望更加焦虑，还会让你在当下经历小小的失望。你像一个被困于后座的疲惫的孩子，反复问着："我们到了吗？"而不可避免地，你会听到一个失望的声音说："没有！"

　　我们迈出的每一步都在提醒我们现在离目标还有一段距离，我们想成为什么样的人与现在是什么样的人之间存在差距，这些踱步让我们丧失斗志，诱使我们回到现状中去。当我们碰到以前尝试过但没能实现的目标时，踱步那令人丧失斗志的属性就会进一步增长。上次你曾尝试了生酮饮食法、计划跑一公里、决定学习烹饪法国食物，结果都失败了。现在，在这条缓慢而谦逊的道路上，处处都在提醒你之前在哪里遭遇了失望以及是如何失望的。

　　让我们回到我那间乱糟糟的办公室。如果我开始收拾它，我马上就会想起上一次收拾完后发现的所有小问题：

　　1. 找到了我最喜欢的笔，我在 2006 年收到这份礼物后，很快就把它弄丢了。

　　2. 发现了那把找了好几年的车钥匙。

　　3. 找到了那根一直找不到的 USB 连接线，我之前不得不去买一根新的。

　　4. 凡此种种。

当我审视着这片由我日常各种马虎构成的景致时，我会对安提出的那个问题感同身受："我这是何苦呢？"我对整理那些自己没有完成的工作感到厌倦，也懒得去补全或放弃它们，于是我停止了所有这些努力，坐在如同战乱地带的办公室里写作，这似乎是相当合理的做法。当然，我找不到打印机墨盒或打翻了一个咖啡杯导致杯子里的残留物洒在桌子上时，我会感到抓狂。

我可以试着激励自己去收拾办公室，把整个任务分解成一个个的小步骤，并认可自己在每个小步骤上取得的成功。但是，每当我发现自己又有了马虎的迹象，或是又有什么东西证明，我对自己有能力让办公室保持整洁的信念是错误的时候，我取得每一小步的成功的能力就会被消磨殆尽。

表示羞辱的另一个词是"打压"，它的意思是贬低别人的自尊、自我或地位。当你羞辱某人时，你是在指出他们展现出的自己或想象中的自己与另一个较低版本的自己之间的差距。跬步恰恰具有这种指出差距的刺人力量。而为了达到目标，你必须一次又一次地在这段差距里挣扎。

"当心间隙！当心间隙！"当你从地铁上下来，迈过那道列车与站台间狭小而危险的间隙，踏上伦敦地铁站的站台时，喇叭里会传出这句话，这句话是关于自我改变的谚语中最短的一句。注意列车和站台之间的间隙很容易，你只需要稍微留神一下就行。但是，现在的你和你想要成为的另一个不同的你之间的差距，是很难迈过去的。要想改变自我，你需要的不只是注意这种差距，还要经得起这种差距带来的折磨。你必须直视它、接受它，最重要的是，你必须在行动和完成之间夹缝求生。

当你专注于所处之地和欲往之地之间的差距时，你就会有动力去改变，并且能抵挡住所有关于"你缺少你想要的东西"的提醒。而且，正如我回顾前一章时讲到的那样，当你相信自己已经缩小了差距并实现了目标，而实际上你并没有做到时，你就会失去这种动力。所以，循序渐进的改变，需要你有接受现状的能力，尽可能在谦逊区飞行。大的改变需要循序渐进的步骤，而这反过来需要你在两个地方表现得坚韧，一是你要能坚持完成踮步要求你做的简单而艰辛的工作，二是接受踮步要求的谦逊。

循序渐进的改变关乎你能对你缺少某样事物的感觉忍耐多久。这对你关于渴望的紧张关系提出了挑战：这是一场战斗，一方不断地提醒你还没有得到你所缺失的东西，另一方则要求你高昂着头，一次又一次地怀抱希望和信念。这就是我想说的。自我改变并不是一个美好的、涅槃般的自我接纳时刻，而是要一次又一次地接纳自己，接纳你所处的位置，接纳这样一个事实——你在目前所处的位置上缺乏一些你认为能让你变得更好的东西。换句话说，自我改变意味着在谦逊区长时间地滑行。

要想一步步迈进，你需要经常保持谦逊，因为如果你想要从外界获得关于你成就的奖励，仅仅迈出一小步是很难让你感到满足的。你的谦逊越能抗得住你的骄傲，跬步带给你的伤害也就越小。谦逊和骄傲之间的合适比重，将阻止你犯下像安学习西班牙语那样愚蠢的错误：一个梦想变成一个脆弱的思想泡泡和一种并非通过切实努力而赢得的骄傲，这种骄傲在你每一次试图做出具体的努力时威胁着你。

铸造翅膀的代达罗斯是一名工匠，这并非巧合。在前一章中，使用"白痴卡"戒烟的埃里克恰好也是一名工匠——他是木匠和音乐家——这或许也并非巧合。在现实生活中，一个人若想打造一件工艺品，就必须进行打磨。无论上一件作品多么精美，他们的注意力始终在当前的作品上。他们对内在满足感——即实践带来的内在体验的关注，和他们对成品精美之处的关注是一样的。换句话说，成功的工匠和艺术家都是学会了"如何瞄准谦逊"的人，因为他们经历过那些打磨的时刻。我们可以从这些人身上学到很多东西。

自我改变的手艺

爵士大师约翰·克特兰是一位著名萨克斯演奏家、作曲家，他创作了具有开创性的专辑《巨人的步伐》，而且他深知微小的、精确的、长度适中的步伐对于实现目标的内在重要性。人们对他每天练习演奏的时长众说纷纭，但所有人都知道他痴迷于练习。有人说他每天练习 12 个小时。也有报道说，克特兰有时会为了一个音符练习 10 小时以上。在他的住所，人们很少看见他没有把萨克斯管用皮带挂在脖子上的情景。有一天，他的妻子发现他突然停止了练习，便忙去找他，结果发现克特兰在沙发上睡着了，口中仍含着萨克斯管。

爵士乐手们有一个完美的术语来描述他们的练习——木工活。这个词指的是乐手们在住处的棚屋里独自磨炼技艺，他们要在那里"练口条"。在进行"木工活"时，"口条"恰好是一个既可爱又富有诗意的术语，它指的是号手的下巴、嘴巴和嘴唇，以及让口型和乐器之间保持吻合的状态。"木工活"往往很单调，需要不停地做重复的工作。它需要你耐心并专注于你的弱点，疏通每一个打磕绊的地方，让指法和吹奏方法变为肌肉记忆。著名爵士小号手温顿·马萨利斯说过："练习意味着你愿意牺牲掉那些悦耳的演奏，我认为花时间在练习上正是一个音乐家美德的体现。""牺牲"与"美德"，马萨利斯在描述音阶练习这类单调事物时所使用的语言，同样也适用于描述精神层面上那些单调的事物。

艺术家和音乐家在他们的手艺面前是谦逊的仆人，他们保持着一种僧侣般的谦逊和耐心。这听起来是不是有点不对劲？我们经常把艺术家描述成"傲慢"或"自大"的人，他们中也的确有一些人会在社交场合这样表现。但他们在面对自己的手艺时绝不是这个态度。没有人比优秀的小说家更懂得尊重空白的纸张，也没有人比音乐大师更看重和弦的变化。真正为这个世界带来新事物的艺术家一定是那些有雄心壮志的人，他们能够为了那些"木工活"把自己的自我需求（通常相当大）放在一边。对他们来说，谦逊是成功的本质。事实上，正是他们对自己抱有的强大自信让他们能够在生活中的每一天都重复着那些简单的小步骤。

我父亲在转行成为一名组织心理学家之前，曾是一名成功的单簧管爵士乐手和萨克斯手。直到去世前，他还经常演奏爵士乐。我有20世纪五六十年代他与别人合奏曲目的录音，也有他在录音棚里的作品录音。遗憾的是，我没有他练习时的录音，而那才是我对他的记忆，比任何他演出时的样子都要印象深刻。他会一遍又一遍地弹奏音阶，我们家里充满了快速重复的琶音，他的"木工活"是我童年时代的背景音乐。那是我父亲真实的模样，也是我父亲最伟大的时刻：打磨，打磨，再打磨。

我不认为他是一个不在乎荣誉和他人看法的人，事实上他也确实不是这样的人，但他练习的时候，他的确是无私的。早在童年的那个小房间里，我就遇见了我的代达罗斯。然而，我花了几十年的时间才得以领悟他从日常练习中学习到的东西，而在此期间，我一直为如何伪装成一个艺术家而苦恼。

我们大多数人都缺乏艺术家的雄心壮志，也缺乏足够的才能让我们免于艰苦的练习，所以我们必须足够谦逊才能够迈出那一小步。因此，在生活中，我们总是怀着忐忑不安的心情，抱着尽快实现目标的愿望蹒跚地走出几步。如果我们被失望所伤，情况就更是如此了。当你还没有实现自己某个特定的梦想时，每走一小步都是在往失望的伤口上撒盐。你越害怕失望，失望的滋味就越苦涩。此外，迈出这些踏步需要你推迟实现目标的喜悦，你需要一边忍受踏步的羞辱，一边还要忍住不为没有达到目标而感到丢脸。它们考验着你想让自我变得更完整的心愿。

　　这里有一个问题，我在本书中已多次提到过，踏步中也蕴含着一些细碎的、可以鼓舞你的信息。正如勒温明确指出的那样，踏步是一种手段，它可以让你变得坚韧，从而敢于继续迈出脚步。你可能会因为恐惧希望而觉得难以向前迈进，毕竟每一次踏步都会提醒你还有多远的路要走，每一次踏步都会让你走向更高的位置以至于将来你有可能摔得更惨。如果你因为恐惧而裹足不前，那你将错过踏步中那些重要的鼓舞你的信息。

踏步是药，苦却必要

　　当你注意到所处之地和欲往之地之间的间隙时，你就能够把成功迈出的踏步视作进步和成就去庆祝它们，每一步都包含着一个小小的期望和目标间的紧张关系，每一步都在让你继续向前，培养着你的驱动力。

　　事实上，在所处之地和欲往之地的间隙里努力支撑是通向积极改变的唯一途径，我们之前已经了解勒温关于希望的理论

255

和班杜拉关于自我效能的理论，正如他们的理论中提到的那样，如果你能在这个间隙里支撑住，你对待跬步的态度将会180度大转弯，因为跬步可以提高希望，增强你的自我效能感。当你坚持一小步一小步地走下去时，它们会累积成更大的收获，而这一事实将激励你继续前进。

跬步不仅能让你逐渐实现目标，还能为你提供实现目标所需的动力，这就是为什么当你锻炼的时候，你会强烈地想要每天都锻炼（这也是为什么音乐家们痴迷于每天练习）。如果有一天你跳过去了，没有锻炼，那么跳过的这一天并不会影响你实现自己的健身目标，但会让你觉得自己是在冒很大的风险。这种风险确实存在，但它并不是肌肉萎缩或心跳停止的风险，而是失去动力的风险。你担心如果有一次打破了每天锻炼的计划，自己就会一次又一次地打破它。跳过一天，你也就错过了跬步提供的动力。所以第二天当你再次开始锻炼时，你将无法再依靠那种渴望的能量。如果你又错过了一天，那最后一次锻炼留给你的成就感和鼓舞的力量将彻底烟消云散。

你可以这样想：你对待跬步的方式就像是自我改变的大力场中的一个"微力场"。如果你把跬步当成一种羞辱，你就在这个"场"中增强了抑制力，阻止你迈出更多跬步。但从另一方面看，如果你留意间隙，把迈出的每一步都看成一种成就，你就会增强驱动力，从而有动力继续向前迈进。

你对待跬步的方式，要么催生你的动力，要么摧毁你的动力。在循序渐进的改变中，这是一条基本原则。每当你面对跬步时，这条原则就会发挥作用。你会把跬步看成是羞辱，还是一种适度的挑战等待你去实现？你对这个问题的答案将决定你那更宏伟的目标何去何从。

如果你不能谦逊看待眼前的跬步，那么你向前迈进的能力就会受到严重的负面影响。当你离开谦逊区，例如想学西班牙语的安和想要节食的约翰，你就失去了让循序渐进的改变逐步提升你的期望的机会——用你自己赢得的骄傲为你的动力加油。

面对跬步，你要么视其为羞辱，要么视其为小而珍贵的成就。如果你不能以后一种方式谦逊地看待它们，你就无法前进；如果你把它们当作可耻的、对你的失败的提醒，你将永远被困在现状中。这一事实反映出这样一个悖论：跬步是你通往自我改变的唯一途径，但你对跬步的意义的解读不是唯一的，你可能对你的自我形象太过谦卑，也可能对你的不足过于羞愧，这也会让你偏离自我改变的航线。

这的确是一个困境。嗜酒者互诚协会发明了一些有趣的方法来走出这个困境，事实上，他们做的很多事情都是为了让人们专注于跬步，从而让他们能够保持在谦逊区。

在"谦逊"周围加个框：适度

嗜酒者互诫协会对于许多从事行为科学研究和救助工作的人来说都是一个谜。尽管它经常被视为一种从滥用和成瘾性问题中恢复的主要手段，但这一点并没有得到相关研究的支持。相反，有一些做得相当不错的研究表明，互诫协会和他们的"戒酒的 12 个步骤"对长期戒酒并没有起到什么作用。然而，许多值得信赖的、聪明的、有自我意识的人，都把互诫协会描述成一条帮助他们恢复、救了他们一命的核心通道。

我的朋友杰克就是其中之一，我在前面的章节中提到过，他是一名脱口秀演员，也是一名成瘾性治疗顾问，我相信他的观点。值得注意的是，当杰克在描述戒酒这件事时，我发现他的描述与我所说的"在傲慢和羞愧之间来回跳跃的自恋式防御"很相似。"你知道，有成瘾性习惯的人要么觉得自己'好些了'，要么就觉得'更糟了'。我们是有自卑情结的自大狂。这一切都是因为缺乏安全感。"杰克解释说。这种在"好些了"和"更糟了"之间的来回转换让他开始喝酒。他说："当我觉得自己像个废物时，我就会想喝酒。但是当我感觉非常良好时，我也会特别想喝酒。"

"那么要如何摆脱在情绪高涨和低迷之间来回摇摆的状态呢？"我问道。

"要想戒酒，你需要知道如何让事物保持适度。互诫协会经常提到'适度'这个概念，这意味着让自己处于一个稳定的状态。在这种状态下，我可以坦然面对自己，舒适而不骄傲，相信一切答案都握在自己手中。我不是过街老鼠，但也不是什么傲慢的大人物。"

舒适而不骄傲。听了杰克的描述，我开始重视"适度"这个词，正如你在迈出踣步时，你需要将适度的谦卑与适度的骄傲结合起来那样。我开始把互诫协会看成是让成员们进入谦逊区的一次真正的尝试，从而让他们能够以谦逊的姿态朝戒酒的目标迈出脚步。我的脑海中浮现出一个治疗箱，里面装着谦逊，让它免受傲慢和羞愧的干扰，这个治疗箱确保每一次迈出的踣步都得到了关注，甚至赢得了庆祝，但这些庆祝也一定是被盒子限制住的。而关于这个盒子，互诫协会最重要的部分就是"过好每一天"这个概念。

一步一个脚印，过好每一天

"过好每一天"是互诫协会将事情按照每 24 小时为一个单位进行分解的方式。一旦你完成了一个单位的事情，你就可以向下一个单位前进。"我认为'过好每一天'法则对早期的恢复真的很有帮助，因为一想到要永远离开那种我一直依赖的物质，我就会退缩。"杰克说道，"刚开始的时候，我无法想象永远没有酒精或药物的日子。我觉得自己一团糟。在极其艰难的日子里，当喝酒的渴望非常强烈时，我学会把一天分解成几个时段进行戒酒。午饭后不要喝，晚饭后到睡觉的这段时间也不要喝。就这样，事情变得简单起来。"

在刚开始的时候，杰克把自己的康复过程分解成了小段，一点一滴地积累，使他能够只专注于一天内、一小时内或一分钟内能完成的事情。通过以这种方式给予自己成功的感觉，"过好每一天"法则为生活一团糟的人在迈上一条看起来极其漫长的道路时，提供了一种规避羞愧的方式。这种方式增加了他改变的动力，每走一步都能让他增强希望和自我效能感。

互诚会提供了一种仪式化的方法来标记每个人戒酒的进程。他们会分发戒酒徽章，一种像硬币一样的标记物，每一个标记物都有不同的颜色，标志着一个人保持戒酒的时长。这些标志物的分发仪式，强化了每日成功的内在奖励和外在的社会奖励。这些仪式让互诚协会的聚会变成了这样：在这里，人们不仅能通过承认自己对某种物质的依赖来放弃自己的傲慢，还能拥有一群欣赏他们的听众，认可他们不断取得的成功。这些做法简单而有意义，是一种为谦逊而庆祝的象征。

在我看来，戒酒徽章是在谦逊区进行庆祝的方式。它们既标记出一个人做出改变的能力，也提醒着你"革命尚未成功"。这正是我们在迈出一小步后需要的那种庆祝：克制地标记出自己的改变，以防我们产生傲慢的想法，觉得我们已经到达了目的地，完成了自己的旅程。

对杰克来说，徽章和他送给自己的其他小礼物一样——比如一张新的音乐 CD，一顿丰盛的晚餐，都是一种能有效支持自己的做法，而非放纵自己。"改变庆祝方式对我来说是一个重大转变。戒酒需要很长时间，所以我需要善待自己，不过必须是以正确的方式。"杰克这样说。

然而，太过善待自己也是有风险的，即使你的成功以 24 小时为单位递增。正如杰克喜欢对他正在帮助的人说的那样——"不要用朗姆酒蛋糕来庆祝你在戒酒上取得的成功"。就像约翰和他的减肥计划一样，如果某一天的成功导致你不切实际地夸大自己的进步，那你就有麻烦了：我昨天表现得很好，我比以前控制得更好了，所以今天喝一小口威士忌有什么不对吗？互诚会为此发明了一种聪明的方法，通过往谦逊方向明确的引导来控制这种故态复萌的傲慢。

通过调整抵达谦逊区

谦逊是互诚会的一个重要组成部分，在遍布全球的教堂地下室和社区中心的墙上张贴着无数标语，它们清晰地表达了这一点。"慢慢来""先做重要的事情""不要把自己太当回事""戒酒是一段旅程，不是目的地""这也会过去""待人宽容如待己""平静接受我无法改变的事情"，等等。一些危险的习惯会让我们产生不可一世的感觉，而当我们稍稍改正这些习惯时可能会产生傲慢的感觉，这些标语有助于遏制这两种感觉。同理，在互诚协会的活动开始时，所有的成员都会先介绍自己的名字，并大声宣布自己是一个酒鬼。这种做法的关键不是为了羞辱，而是为了让成员扎根于他们所处的现实中，这样他们就可以迈出必须迈出的踬步来达到他们的目标。

通过这些方法，互诚协会让成员们为漫长的、循序渐进的戒酒之路做好了准备，让他们得以专注于谦逊区，看到戒酒的内在目标，即让他们意识到戒酒是一个过程，而不只是一个长期愿望，幻想自己能到达完全戒酒或永久杜绝酒精这一目标。

互诚会的哲学结合了对渐进式成就的关注和一种谦逊的精神，旨在帮助成员们留意他们所处之地和欲往之地之间的间隙。这一哲学理念不仅是成瘾患者的解药，也是我们所有人烦恼的解药。当你朝着自我改变的目标前进时，在保持谦逊的同时平衡好所迈出的每一步是保持长期动力的关键。以减肥为例，假设你已经按照你的减肥计划坚持了 3 个星期，这时有人递给你一块饼干。一块饼干不会让你 3 个星期的减肥成果灰飞烟灭，也不会令你减掉的体重立即长回去，但你还是会拒绝。你拒绝这块饼干，是因为减肥已经成为你日常生活的一部分，每天的成功会激发你的抱负和动力，你不想放弃踬步的这种激发抱负的特性。所以问题的关键并不在于饼干和增加的卡路里。相反，你拒绝这块饼干，是因为你不想失去任何一天迈出的踬步，以及这些踬步让你保持动力的方式。

不完整的完整性与慢性病理念

"一日为酒鬼，终生为酒鬼。"互诚会认为滥用和成瘾是一种慢性疾病，而戒酒则是一个终生的过程。因此，互诚会提供了一条自我完成的途径：一个贯穿你一生的身份，而这种身份的基础是承认戒酒的道路永无止境。矛盾但真实，这种理念把缺少一部分的你看成是一个完整的你，以此来减轻你在生活中的缺失感。

把成瘾看作一种终身疾病也有其问题，它催生出某些把完全戒酒当作唯一好的结果的治疗目标，不断削弱一个人基于缺陷而被定义的身份，并向他施加宗教般的压力，逼着他经常"坦白"自己正被某种类似原罪的东西困扰着。然而，这种慢性病理念也有一个重要的目的。它提醒着互诚会的成员们，在"想要实现"和"得以实现"这两种状态之间的并不是空洞但必须通过的道路，这二者中间的地带本身就是一个重要地带。换句话说，旅程和目的地一样重要，它们有着各自独特的体验。这些体验中有一点最为重要，那就是在这段旅程中，这个人的生活中缺少了一些东西。这就是说，当你痛苦地意识到自己并没有到达自己渴望去的地方时，并不意味着你做错了什么，这是一种正常经历，你只是正在这片介于两者之间的地带上跋涉而已。

然而，当你面对着通往目的地的道路，却没有希望和信念踏上它时，会发生什么呢？告诉自己你患有某种疾病可能会让这条路更容易走，同理，你也需要一些意愿来让自己迈出那些能给你带来激励的踏步。不这样做，你就无法产生足够的希望和信念继续前进。所以，即使你对自己实现目标的能力缺乏信心，你也需要一些方法来维持你前进的脚步。换句话说，你需要"成功之前先假装成功"。

成功之前先假装成功

我在前文中讲到过这个理念，它体现了行为心理学中"行动先于动机"的观点，这是一种能激励你朝着目标前进的方法。

当你在成功之前一直假装成功的时候，即便你信心不足，你实际上还是在靠着你的信念放手一搏，也许别人的建议和保证也在其中起了些作用。"成功之前先假装成功"是一种外在指令，当你不能让自己内在的驱动力推动你前进时，你可以选择简单地服从指令。当你极度缺乏安全感的时候，这种放手一搏的信念是你最需要的，因为它能让你走上改变的道路，让你有机会体验到成就感，从而激发你的希望和信念，专注于过好当下的每一天。

当你处于傲慢区时，你会觉得自己无所不能，根本不需要"过好每一天"这一理念的指引；考虑到你那令人惊叹而复杂的个性，你认为适度饮酒对你非凡的能力太过约束，"酒鬼"的标签限制性又太强。同样，如果你处在羞愧区，"过好每一天"的理念会让你感到羞愧，因为它时刻提醒你的所处之地和欲往之地之间的差距。对你来说，"适度"也是在戳你的痛处，它提醒着你和理想的你之间的距离，把自己称作"酒鬼"则像刺一样扎在你的心上，伤害了你本就脆弱的自尊。这时候，"成功之前先假装成功"是你所需要的最后一道防御，它利用"自欺"来帮助你到达那个可以"诚实"行事的地方，以其他手段强行把谦逊装进盒子里，保护它免受傲慢的诱惑和羞愧的侵害。

当你想要改变你生活中的一些事情时，互诚会这种限定谦逊区的方法可以帮助到你。再回到约翰节食的故事。他在羞愧和傲慢之间痛苦地挣扎，无法舒服地待在谦逊区里。现在想想，如果约翰知道了傲慢的危险，从而采取一种更循序渐进的方式来努力，会发生什么？如果约翰强迫自己谦逊地过好每一天，而不是只关注令人沮丧的长期体验，他减肥的胜算将会增加。如果他能少花些时间和别人谈论自己的减肥进展以此寻找更完整的感觉，并把精力放在每天完成一小步的内在满足感上，他的胜算将进一步增加。如果他能认识到自己因体重没有立刻下降而感到的绝望是随着自我改变的范围而产生的，那他的胜算将再次提高。如果他在对自己的信念产生动摇时依旧能按照计划进行下去，他离减肥成功只有一步之遥。

从许多方面看，约翰无法坚持减肥与减肥消耗了他多少精力有关。事实上，约翰的问题从来不是减肥这件事本身，而是他如何在渴望感觉苗条的同时又觉得自己超重了。他瘦下来的胜算，取决于他从所处之地走向欲往之地的旅途上能否专注于培养他的谦逊，而不是一夜间接受自己是个瘦子的新身份。

杰克对互诚会的描述，在我听来，就像那些失去了信念的人所需要的假肢：他们把自己装进"谦逊盒子"里，直到他们迈出的每一步变成自我推动的燃料。

有时我们需要这种级别的帮助，更多时候我们不需要。就像前一章中讲到的彼得是如何靠爱情来推动他前进的一样，我们面对踮步的勇气可能来自某种不可预见的向上的箭头。对彼得来说，推动他前进的箭头是他和萨曼莎建立的感情，这种感情有一部分来自他的外在世界（还有一部分原因，那就是如果彼得没有"内在的"去爱的能力，如果他没有遇到萨曼莎，那他将依然停留在原地）。有时候，向上的箭头更多地来自我们自身尚未开发的力量。

学习西班牙语的安就是一个很好的例子。一个月过去了，又到了我和安喝咖啡的日子。我问安她的西班牙语学得怎么样。

"说实话，还不错。"她答道。

"真的吗？"

"真的！"

"不得不说我有点吃惊。"

"为什么？"

"上次我们聊到这个话题时，你似乎都准备放弃了。你是怎么做到的？"

"事实上，正是上次我们的谈话让我又有了学习西班牙语的动力。"

"真的吗？为什么？我的哪句话起作用了？"

"少自作多情了。不是你，是我。"

"什么意思？"

"当我上次开始自嘲的时候，我发现自己总是陷入这种模式中。我体内好像有一个想要立刻被满足的小孩子，在尝试之前就会气馁，认识到这一点让我觉得好笑。我喜欢自己体内的那个孩子，我觉得很有意思。有一天晚上，我和一群朋友们在一起，我和他们说起了这些，他们完全理解我的意思，而且说我体内的孩子气很可爱。我同意他们，如果让我自己来评价，我也会这么说。"

"可爱？"

"是的，就好像我体内有个卡通人物似的。当我这样看待体内的那个孩子，我就放松下来。这个转变的过程让我觉得非常有趣。我体内的那个她不是什么可怕的、无能的失败者，她不过是个孩子，她想要马上可以说一口流利的西班牙语。我明白她的意思，我知道她为什么会发出这样的渴望，我在面对许多事情时都是这个样子的。"

"有意思的是，我越琢磨你说的话，就越觉得你体内的那个小孩子也是我最喜欢你的地方之一。"

"多谢！正是如此！还有一点就是，其实是我体内的这个小孩子让我想学西班牙语的。她不只是想去墨西哥拍拍照片，她想从这次旅程中收获更多更深入的体验。我知道这听起来有点傻，毕竟学会了说西班牙语也不会让旅游的体验变得深刻，但这让她想要尝试并希望有所成就。"

"这个小孩子想一口气吃掉全世界。"

"是呀。"

安意识到，"现在就能开口说"是她在学习西班牙语这件事上的根本障碍。但她也认为这种品质是她自己可爱的、招人喜欢的一部分。事实上，这也是她自己非常珍视的一部分。这样，安就消除了她无法坚持学习的潜在羞愧感。她看到了自己没有改变的原因，并认为这个原因可以理解，而且是出自良好的意愿。通过这一做法，她进入了谦逊区，而不是跳过这个地带，直接去追求那种目标已达成的感觉。如果她真的那么做，一旦现实干扰了她的幻想，她很可能会放弃西班牙语的学习。

当安看到了自己体内那个想说一口流利的西班牙语的孩子，意识到阻碍她学习西班牙语的原因也是对她生活帮助最大的原因时，她也解锁了一个曾经因羞愧而被冻结住的向上的箭头。安体内的那个孩子多数时间是有积极作用的，虽然给安惹了麻烦，因为它总是想"现在"就拿到它想要的东西，但这也是她身上"认为自己有权享受深度体验"的那部分。

当我们在看"维持现状的十大理由"时，这是核心的一课。如果是从缺乏安全感的状态出发，你会把"维持现状"视作越线的敌人，必须与它战斗，一步步击败它，以赢得战争。你一只手握着剑，快速而猛烈地砍向那些邪恶的、阻碍你改变的障碍。另一只手则拿着一面巨大的盾牌，保护自己免受自卑感的侵袭。

但是，如果从一种自爱的状态出发，你对待现状的方式将截然不同。在漫长的旅途中，你怀有坚定的希望和信念，时刻准备着对自己负责，你放下了剑和盾牌。你坚定而脆弱，你对现状展现出慷慨、仁慈的一面，以心平气和的态度看待它。战争结束了，你与现状手挽手着共同前进，你甚至还有可能发现隐藏在现状里的、能为你所用的资源。

与现状和解的能力有助于你一步步实现循序渐进式的改变，这种能力可能源于你刻意的伪装——在成功之前先假装成功，然后在互诫协会的标语和提醒中反复加强。这种能力也有可能是在某个晚上通过一个意想不到的、具有变革性的事件突然产生的，或是在曼哈顿的咖啡馆里开怀大笑的那一刻产生的。无论你是从哪里获得的这种能力，你一定知道自己是什么时候得到它的，因为在那一刻，改变开始变得容易了。你既不会像专注于一个痛苦的伤口那样关注现状，也不会试图通过寻求不劳而获的成功来逃避羞愧的痛苦。你待在谦逊区，已经把自己调整到合适的状态来面对眼前的任务。你的翅膀轻轻地扇动，羽毛温暖而干燥，你迈着丈量得刚刚好的步伐，向遥远的目标前进着。

踏上改变的漫漫征程

经过了长时间的艰苦跋涉，你终于成功登顶，见到了大师。他盘腿坐在高台上，脚边放着一个黑色的水晶球。

"我究竟应该多久称一次体重？"你问道。

"这个问题问得不怎么样。"大师说。

"什么？但我走了这么远的路！我需要知道答案！"

他拿起那个神秘的黑球，摇晃了一下，然后仔细地看着圆球表面上出现的一个三角形小窗口："水晶球说'别想了'。"

"为什么？我需要一个答案！"

大师再次凝视着黑色水晶球："它说'前途黯淡'。"

"拜托！我有权知道答案！"

"是吗？"

"是啊！我费了这么大劲儿才见到你。"

"这倒是真的。不过你可以看看你的计步软件，你今天是不是爬了很多级台阶？可喜可贺！"

"拜托了！请告诉我究竟应该多久称一次体重。这个答案将帮助我减掉多余的体重。"

大师再一次摇晃着那个黑色的水晶球，看着里面浮现出神谕的小窗口："抱歉，孩子，但这一次显示的答案依旧是'别想了'。"

"拜托！你究竟能不能帮我？"

"'回答过于含混，请重新发问。"

"老天爷！我费了好大劲才来到这里，我寻找合适的服装，打包行李，挤在飞机中间的座位上飞越漫长的距离，然后经历了艰苦跋涉才到达你这里的！"

"水晶球说'保持专注，并重新发问'。"

"这太荒唐了！"

大师又摇了摇水晶球："请重新发问。"

"那么告诉我，判断我减肥成功的最好的方法是什么？"

"这是一个好问题。"大师一边说一边把水晶球放回脚边，"当你为了拜访我而走上山间小径时，你是否一直在仰望着峰顶？"

"是的，每过一会儿就仰望一下。"

"为什么你会停下来仰望顶峰？"

"因为我得一直朝前看。"

"那你是否曾因跌倒而看向自己的脚？"

"当然有过！谁会没有呢？"

"那你是否会因此而在剩下的旅途中一直盯着自己的脚？"

"当然不会！"

"为什么？"

"正如我说过的那样，因为我要一直朝前看。"

"所以，你能安全到达此地的原因是什么？"

"因为我的目光既不会望得太高，也不会太低。"

"所以？"

"所以这就是我应该如何看待减肥这件事，对吗？"

"水晶球说'前途光明'。"

第十章

绝望之"重"与希望之"轻"

—————————— · ——————————

负担越沉重，我们的生活就越贴近大地，越趋于真切和实在。相反，完全没有负担，人变得比大气还轻，会高高地飞起，离别大地亦即离别真实的生活。他将变得似真非真，运动自由而毫无意义，那么我们将选择什么呢？沉重还是轻松？

——米兰·昆德拉

我和一个同事正在纽约市一栋大楼的会议室里给十几位心理学专业人士做报告，报告的内容是我们对"希望的恐惧"的研究，这是我们对希望和恐惧量表所收集的数据进行初步研究后所做的第一次报告。我们向这 12 个人介绍了我们的观点，心情颇为激动，想看看这些观点是否能被他们接受。当我的同事正在进行幻灯片演示时，一个身着西装的男人走进了会议室。他身后是一群年轻的职员，站在门外，手里拿着饭盒和外卖袋，向会议室里不断张望。

"你们在这儿干什么？"那人问道，"我们已经预订了这间会议室。"他显然很生气。

"抱歉，我们今天在前台预订的。"我回答道。

"不，你没有。这是我们的会议室。"

"嗯，不是这样的，很抱歉。您查看一下预定时间表，就知道我们预定过了。"

"不，这是我们的会议室。"他说着，怒气冲冲地朝会议室里走来，把门开着，让门外的职员进来。参会的人们被这场突如其来的闹剧所吸引，报告也被迫中断了。

我请那位先生和我一起到外面的大厅去，把事情弄清楚。一到外面，他的人就把我围了起来，那人怒不可遏地要求我离开会议室。

"你到底想让我做什么？"我问道。"让所有的人都离开不成？"

"那你想让我做什么？我们每周五都有员工会议，你占了我们的地方。"他冲着我的脸，挺起胸膛。我现在担心他不会让步，那么我们将不得不结束这次活动。

最后，大楼经理来了，他向那位先生解释道，这间会议室确实是为我们预留的。后来那人愤愤地离开了，那群年轻雇员也叽叽咕咕地跟着他进了电梯。

我回到会议室，听完同事剩下的发言，然后做了我自己的发言。我们的报告很受欢迎，离开会议室的时候明显能感觉到我们在这项研究中有重要发现。

回忆起我们在做报告时发生的一切，我能清楚地把这个事件进行划分：我们有两个小时沉浸在让人欣喜的成功，美中不足的是那十分钟的争吵。如果你问我"演示进行得怎么样"或是"那天你有什么重要的事情发生吗"，我会跟你讲大厅里那个混蛋的事。我对那场活动以及对那一整天的感觉，都是关于那个闯入者以及他是如何愤然闯入影响我们的展示的。

那段糟糕、短暂而且毫无用处的经历，完全破坏了美好而重要的一天。这种情况经常发生在我身上，可以说消极经历比积极经历更容易深入我的意识中。在评价我主持的研讨会时，即使有 100 个正面评价，仅有两个负面评价，我也会一直纠结于那两个负面评价；当其他员工都说自己很快乐，却有一个员工对自己的工作表示不满意，我也会认真思考这个员工的情况；我经常回想起与妻子争吵的前前后后，而不是我们在一起度过的快乐时光。然而，并非只有我一个人这样。

大量研究证据表明，消极经历的影响一般来说胜过积极经历。社会心理学家罗伊·鲍迈斯特在与别人合著的《坏比好更强大》的论文中写道："坏事的力量比好事要大，这样的情况在日常活动、重大生活事件（例如创伤）、亲密关系结果、社交网络模式、人际互动以及学习过程中比比皆是。糟糕的情绪、不称职的父母和不甚满意的反馈比良好的方面影响更大，大脑对坏消息处理得比好消息更彻底。相比于去追求更好的自我，自我更有动力去避免不好的自我定义。糟糕刻板的印象比良好的印象更容易形成，也更能抵抗不确定性……可以说没有什么例外（证明好的力量更强大）。"

鲍迈斯特和他的同事认为，初次见面的人，了解他的缺点比了解他的优点更有分量；中彩票的人并不比没有中的人更快乐，他们报出来唯一具有持久影响的也是负面的；妇女产前失去能提高生活质量的重要资源，产后患上抑郁症的概率更大，而且症状也更为复杂，但对于那些能获得类似资源的妇女来说，这些资源对预防这类抑郁症没有积极的影响。如果你度过了美好的一天，那么对你第二天的情绪几乎无甚影响。然而，一旦你有一天过得很糟糕，那这种体验会持续到第二天甚至以后数日。

对于已婚夫妇来说，婚姻中幸福美满、充满爱意的部分对婚姻满意度的影响要小于与伴侣的负面经历的影响。事实上，许多夫妻认为婚姻中的负面事件对他们婚姻满意度的影响占到65%，尽管实际上他们记录的积极事件是负面事件的3倍，这或许最能体现糟糕经历的力量，而非"创伤"这个概念了。当我们谈到心理创伤时，我们指的是一个或多个事件如何对人造成不可磨灭的伤害，可是我们无法用词语或概念来形容发生在某个人身上的，与创伤具有同样深刻而持久影响的某种正向的东西（顿悟和救赎有点接近，但它们没有创伤的分量重）。

反映负面经历力量的例子不胜枚举，我被这个令人不快的事实所吸引，那就是人们对这些负面经历更感兴趣。如果研究数据证明事实正好相反，我对这块内容的注意将明显削弱。

在大多数语言中，表达消极情绪的词汇比表达积极情绪的词汇更多。心理学家研究的基本情绪显示，负面情绪同样占主导地位，比如快乐对愤怒、悲伤、焦虑、恐惧和厌恶。你对糟糕经历的情绪反应也更容易被察觉，这些情绪像油炸甜甜圈一样会沉到你的胃底，在那里待上好几天。当你生气时，会感觉愤怒像电钻一样在你的身体里搅动；当你绝望时，会感觉像被一吨重的巨石砸到似的；如果你在某件事上失败了，会感觉仿佛猛地撞上了感情障碍一样。而反过来，良好的情绪则像棉花糖一样漂浮着，像香甜可口的蛋白脆饼一样，入口即化。宽容些，你可能会发现自己会轻松一点；开心点，就仿佛是剥了皮的橙子散发出的阳光般的清香；你成功做到某件事，你心中的骄傲就像露珠一样转瞬即逝；怀抱希望，你知道这是怎么回事。我并不是否认积极的情绪和状态对你有好处。例如，宽恕可以减少抑郁和焦虑，甚至改善健康，喜悦也有类似的功效。但是尽管这些积极的状态对你有好处，可我们不像重视消极状态那样重视它们。

我在第六章讲到损失厌恶理论的时候，曾触及坏事击败好事的现象，那就是数据上最好的证明，即对一个人来说，赢得100美元的吸引力不到失去100美元的一半，比起得到某些事物的吸引力，我们更希望不要失去它们。与损失厌恶理论一样，糟糕的经历或互动比良好的经历或互动更强大这一事实很可能是在进化中形成的。就像狮子知道角马美味可口，并不能显著增加狮子的生存机会，而记住角马头上锋利的角能把它们肚子顶开花则大有可能让它们存活下来。

笑声和尖叫声，哪一种会把你猛地带回现实，让你意识到周围发生了什么，并在你的脑袋里不停作响，持续数天甚至更长时间？很明显是尖叫声（除非笑声是带有威胁的）。坏事会比好事产生更强烈、更持久的体验，这使得你想要避免糟糕的经历。然而恰恰是这种经历的强大力量和惊人的持久性令人厌恶，但也同时让它们变得有更加诱人。大多数文学、电影和戏剧作品都是关于某种悲剧的，即使它们有一个圆满的结局，在达到这个顶点之前，还会有一段长长的充满冲突和争吵的弧线；心理学杂志上几乎 70% 的文章都是关于消极的心理体验的；90% 的新闻都是负面新闻。这就是读者想要看到的。带有消极最高级如"从来不""坏"或者"更糟糕的是"等负面标题的新闻和带有积极的如"总是"或"最佳"的新闻相比，人们有 30% 的可能性更倾向于点开前者。事实上，当新闻网站，例如都市记者网改变了他们报道，减少了负面新闻并增加令人振奋的新闻的数量后，他们的读者人数下降了三分之二。

我认为糟糕的经历之所以吸引人，与它们令人厌恶的原因一样，就是它们迫使你去感受，强烈地感受。这些经历支配着你的感受，而美好的经历则更容易管理和选择。如果你不想感到孤独，或想要一种确定性，或是渴望一种强有力的提醒，告诉你自己存在于这世上，你也更有可能通过糟糕经历产生的强大动力来实现这些目标。

当事情变坏的时候，你会比事情变好的时候感觉更压抑、更深刻，你可能不喜欢这种感觉。但是消极的感觉是有重力的，是稳定的，也许在沉重的现实中你会更有安全感。因此，当你试图在生活中做出积极改变时，需要明白，你是在切断一根连接着非常沉重且可靠的锚的锁链，那锚便是消极的力量。最后三个维持现状的理由是，当你试图为自己做一些积极的事情时，你很难放弃消极情绪的基础。

理由八：维持现状让你保留对痛苦的纪念

维持现状通常是对过去造成痛苦或创伤的事件保持持久记忆的唯一方法。因此，改变就如同拆毁这份纪念，这就等同于遗忘。

在加利福尼亚州沿海的悬崖边上长着一些柏树，它们周围没有任何保护措施来抵御海洋和悬崖上吹来的风，所以往往弯曲着向陆地生长。即使在没有风的日子里，它们看起来也像是与强风搏斗。柏树的弯曲是一种记忆。它不是像大脑或电脑那样"储存记忆",但也是在做着记忆的工作。在风平浪静的日子里,看看那些柏树,你就知道它们经受了多年的风吹雨打,那股风会在你心里刮起。不管天气多平静,看上去都是一幅大风天的画面。维持现状可能是一种靠姿势记忆的行为,一种通过向个人进步摆出姿态来证明曾经糟糕经历的方式。从这个意义上说,维持现状就像沿海的柏树,是一种纪念。

通过维持现状,我们证明了发生在我们身上的一些事情。事件造成的创伤越大,在某种程度上,我们就越有可能被迫以我们的性格和我们对世界的态度来记忆。

被纪念的创伤

几十年前,我负责的治疗小组中的有一位名叫艾莉森的患者,她用一种完美的方式诠释了通过对生活采取一种固定的姿势来铭记自己过去遭受的苦难。艾莉森童年时遭到父亲的虐待,这给她造成了严重的创伤,多年来她一直勇敢地寻求心理帮助。尽管有这样的创伤,她仍然保持着正常的社交,生活充满意义且富有成就。她找到了自己喜欢的工作,结了婚,也有亲密的朋友。我们在艾莉森参加的治疗小组中,第一次提出了维持现状的十大理由。我们当时已经准备好了七个理由,但她又提出了一个。

艾莉森说:"改变意味着当你没有在改变时,坏事似乎看起来并没有那么糟糕。"

"你想表达什么意思？"

"嗯……就像如果你能从坏事中恢复过来，那么糟糕的事情并没有完全毁了你。"

"我还是不太明白。"

"就像销毁底片一样。"艾莉森说道。

"你的意思是你不能真的证明发生了什么事？"我问道。

"是的，有点像那样。就像人们常挂在口头的那句可怕的'克服它'。当你好转时，你就是在克服它。如果你克服了它，你就会破坏证明它曾发生过的底片。如果你没有好转，你就可以把底片保存在那个小信封里了。"

小组里另一位成员埃丽卡发言了："我完全理解那种感觉。就好像如果我康复了，人们就不会再看到我之前所经历的一切。"

"是的，"艾莉森说道，"肯定有一部分是这样的。我也不会再那么关注我的痛苦了。"

"所以，也许应该用其他方法来记住发生过的事情是有意义的。"我建议道。

"我不知道你是否明白了我的意思。一旦你康复了，记住痛苦的唯一方法就是记住它。我会永远记得发生在我身上的事，我不需要再保留底片了。我不需要，也不能。一旦你好转，它们至少会有一点被破坏，有时甚至被摧毁。"

"那么埃丽卡说的那些呢？那意味着别人不会看到你所经历的一切。"

"是的，那才是真正的障碍。但你对这事无能为力，尤其是和新认识的人在一起时。我的意思是，对他们来说，这就像'我就站在这里，是一个完全正常的成年人'。唯一能让他们看到我的痛苦的方法就是告诉他们我的过去。对于他们中的很多人，我不确定他们是否愿意这样做。此外，这样做也没什么用。如果我现在过得还不错，那我的过去也就不过是一个故事。"

就像艾莉森和埃丽卡一样，如果一个人因为过去糟糕的事情而受到伤害，现在过得还好，那他们的进步就是在威胁着他们去向别人表明，过去的事件尽管痛苦甚至让人受伤，但还没有到摧毁他们生存能力的地步。因此在这种情况下，改变是一种削弱甚至破坏对这件事的纪念的形式。在这种情况下，改变几乎带有一种亵渎成分在其中，是一种破坏以过去的错误构建的宝殿的亵渎行为。

改变的部分就像按摩疗法。你调整了面对生活的姿势，而这姿势是过去经历的事件形成的肌肉记忆。当你调整它时，你不再见证那些事件。你会知道它们发生过，看到它们确实发生过，每当你的姿势不可避免地不正确时，你就又会感到疼痛。但其他人可能再也看不到损害的发生。这是一个巨大的牺牲——活在别人的眼中，就像什么都没发生过，或者发生的事情不足以摧毁你。但这通常是你为了改变而必须做出的牺牲。

这就是心理治疗有助于人们从创伤中恢复的原因之一，它提供了一个事件的目击者，即使在你不再找他们寻求帮助之后，他们也会保留那段记忆。

在经历了像艾莉森那样的心理创伤后，要想过上充实而有意义的生活，需要付出很多努力。尽管有拆除对过去事件纪念碑的威胁，但迈向前进的步伐最好是在一个人恢复的后期，作为他们走向希望的自然部分。它通常不是创伤治疗的核心部分，也许也不应该是。如果放弃创伤记忆的尝试在治疗过程中出现得太早，或者成为一种规定的治疗步骤，那么患者对自己过去经历的看重将会阻碍康复。这感觉就像是对人诚信的违背，在无法保证所发生的事情会被铭记的情况下就继续让人前进。

当前研究心理创伤的学者在谈及创伤时，会把它说成是在生活中遭遇毁灭性事件后无声的破坏性后果。如果无法证明这件毁灭性的事件，那它会导致更大的创伤伤害。因此，受到的伤害不仅有创伤事件造成的直接伤害和痛苦，还有对事件的沉默，不论这沉默是由他人还是自己强加的。但是，一旦情感证明的过程开始了，它可能要持续数年，因为这个事件太过深刻，需要很长时间来复述，需要多次重复才能把它刻到另一个人的意识中。但是复述通常可以采用不同的形式，不是只有谈话这一种，比如还可以通过舞蹈、瑜伽、艺术和写作等，这似乎是恢复的关键。维持现状也是一种复述的形式，它用一个固定的姿势描绘了发生了什么，暗示着"我还没有准备好继续我的生

活"。一个人可能需要花很多年时间，通过这种方式讲述他的
故事，直到后来他们才愿意冒险破坏那些底片。

艾莉森的故事讲述的是心灵最深处的创伤。我们大多数人
都很幸运，没有经历过这样的创伤。然而，对于我们所有人来说，
紧紧抓住他人恶行不放的执念是很强烈的，我们称这种姿势为
"怨恨"。

怨恨的纪念碑

sentir 一词来自古法语，意思是"感觉"。"re"是我们
用来重复某事的前缀。把"re"置于"sentir"前，就会得到"怨
恨"（resentment）这个词，即一遍又一遍地感受到愤怒和失望。
这使得怨恨成为"铭记"和"回忆"这两个词的坏脾气表亲。
当你怨恨某个人或某个团体时，你会紧紧抓住不放，把过去留
在现在。这就是为什么当我们提到不再怨恨某人时，我们会说
"放下怨恨"，这也是为什么我们认为"宽恕"这一放下怨恨
的行为是治疗怨恨的解药。因此，怨恨是一种奇怪的情绪，它
将你和一个你不想与之有任何关系的人捆绑在一起，通过重复
对他们愤怒的情绪来保持你与他们的联系。用精神分析的术语
来说，当你以一种固定的、强烈的方式怨恨某人时，你便进入
了一种投注的状态，给对方灌注一种情感力量，使他们与你紧
密相连。在我们生活中，既有积极的投注，比如热爱，也有消

极的投注，比如怨恨。

维持现状通常是保持怨恨的一种外在表现形式，也就是说，通过你的行为来保持怨恨。我的患者戴夫就是一个典型的例子。戴夫被一家保险公司解雇几个月后找到了我。戴夫的工作履历出色，也具备他所从事领域的重要专业技能。但是被解雇后，他无法让自己去找新的工作。他的妻子要求他去看看医生，因为他变得越来越冷漠，这种冷漠开始成为一个问题。

戴夫是被公司的新老板安迪解雇的。正如戴夫所说，尽管自己的工作履历很亮眼，但安迪刚来就出于某种原因对他很不待见。戴夫怀疑安迪对自己有些忌惮，因为新老板对办公室的日常运作知之甚少。但不管是什么原因，这是戴夫在职业生涯中第一次感觉自己受到上司的挤兑。安迪对戴夫的敌意随处可见，比如，给他非常负面的评价，对待同事厚此薄彼，从不给戴夫好脸色，每当戴夫在会议上发表意见时总表现出不屑一顾的样子，有时还会在群发邮件中表现出来。戴夫讨厌去上班，跟同事们谈论这件事让他感到不自在，他不想让自己看起来太过敏感或偏执。结果，他越来越不与人来往了。

在新老板上任之前，戴夫经常是办公室里为员工策划社交活动的人，比如下班后组织大家去喝几杯、参加垒球联赛等等。然而，安迪现在果断地接管了这些事情。当戴夫参加他们的聚会时，安迪继续对戴夫表现出那种持续且微妙的挑衅。他喝着酒，谈笑风生，专注地听着其他员工说话。可当戴夫试图参与进来时，安迪会毫无表情地盯着他。戴夫就不再参加这些他以前很喜欢的社交活动了。

最后，戴夫去找人力资源部的人谈话。人力资源部的那位女士非常友好，她向戴夫保证会对他们的谈话守口如瓶。她还向戴夫推荐了一些策略，帮助他与安迪好好相处，并提出给他们两个人进行调解。戴夫拒绝了最后的提议，因为他确信他的老板会否认自己存在任何问题。

跟人力资源部谈话结束几天后，安迪把戴夫叫到了办公室。"听着，戴夫，我不知道发生了什么，但我刚接到公司的电话，说你对我提出了投诉。"

"怎么可能？"

"你不知道这件事吗？"

"不，我发誓没有。"

"你上周四有去找过人力资源部的人吗？"

"嗯，是的。我去了，但我没有投诉。"

安迪显得既怀疑又生气。戴夫试图解释这一情况，描述自己被他排除在外，还被批评的经历，可安迪就在一旁看着，脸上同样毫无表情。

"我不知道你在说什么，戴夫。我只知道有人写了一份报告说我制造了一个充满敌意的工作环境。这里的工作环境对你有敌意吗？"

"哎呀，不完全是的。"

"'不完全是'，这是什么意思？"

谈话就这样又继续了几分钟，戴夫越来越为自己的处境感到无助，越来越担心自己的工作。最后，安迪告诉戴夫，他安排了与人力资源部的"调解会议"。

"戴夫，当有人因为制造了'有敌意的工作环境'而受到指责时，我们就会这么做。"安迪用手指比了个双引号，用讽刺的语气对他说道。

人力资源部没有人会直截了当地告诉戴夫，他本以为不会被其他人知晓的关于老板的谈话，是如何以及为何最后演变为投诉的。调解会议是灾难性的，人力资源部的人似乎站在安迪一边，安迪也表现出对戴夫的敏感和关心，而戴夫则越来越显得脆弱和偏执。在最后一次也是第三次会议结束时，人力资源部问戴夫："你觉得我们现在已经解决这个问题了吗？"

除了说"是的"，戴夫不知道还能说些什么。

"很好，还有那个关于充满敌意的环境的问题，你还觉得有敌意吗？"

"嗯，我从来没有说过我觉得我的工作环境里充满敌意，我不知道这是怎么来的。"

"嗯，很好。"人事经理说，"那么我相信你不会介意在这张表格上签字，声明你在这里感到安全、获得了支持。"

戴夫感觉这就像一个陷阱，他开始琢磨这次会面的真正意图，但还是在表格上签了字。

自那以后，事态就急转直下，戴夫和安迪几乎没说过话。他的工作在一个周五被停止。首先是人力资源部来的电话，然后是快速解雇，除了反复强调公司有权随时解雇他，此外几乎没有其他任何解释。公司付给了他一小笔遣散费，作为他多年来工作的补偿。他签署了离职协议，同意不对公司采取任何法律行动。

自不待言，戴夫对老板非常愤怒，对这家曾经给过他真正的归属感和使命感的公司感到失望。愤怒和失望使他精疲力竭。然而，除了妻子，他没有人可以去谈论这种不公平。他不确定是否有人会相信他，他担心如果告诉朋友或家人这件事，会给自己带来更多的伤害而不是好处，因为他们可能会觉得戴夫过去和现在都过于敏感了。事实上，甚至在跟妻子谈话时，他也一直存在这种担忧，尤其是当妻子对他和他反复讲自己经历这事越来越恼火的时候。

在与我第三次见面时，戴夫带来了一些好消息。他的一个老朋友要开办自己的保险公司，想邀请戴夫加入并担任管理职位。他的薪水会比以前的工作高，而且会持有公司的一些股份，每年会得到一定比例的分红。戴夫知道这是个很好的提议，并准备接受。可他对事情的发展所感到的只有悲伤和一种奇怪的失望。随着我们就这个问题进一步讨论，产生这种灰暗感觉的原因开始变得清晰起来。

"我觉得他们在纵容凶手逍遥法外，"戴夫对我说，他指的是他的前雇主，"我无法忍受他们可以这样做，而且什么惩罚也不会有。"

"我知道，戴夫，这听起来真的不公平。但这和那个新提议有什么关系呢？"

"我不知道！"他回答道，微微一笑，摇了摇头，"但我知道，如果我接受这份新工作，就好像之前什么事都没发生过一样。我的意思是，他们把那事情搞得一团糟，而我离开后反而过得更好了。这似乎是不对的。"

"好吧，我想我明白了。那么，如果你没有得到这份新工作，结果你再也找不到工作，又会发生什么呢？这能解决问题吗？"

"嗯，这就是奇怪的地方。就像我失业的时候会说'看看你干了什么！'"

"好像如果你继续失业就会多一些公正吗？"

"是的，以一种非常奇怪的方式。我脑海中回想起一个奇怪的记忆，竟与这种方式类似。当我还是个孩子的时候，有一天晚上，妈妈答应我们晚餐吃通心粉和奶酪。结果她做了热狗，这是我妹妹的最爱。我对此非常沮丧。唯一的问题是我其实也很喜欢吃热狗，是我第二喜欢的食物！但我假装不喜欢热狗，当我'试着'吃热狗的时候，我就好像看到了什么恶心东西一样连连作呕。不知怎么的，整个事情就像这样。"

"新工作就好比是热狗是吗？"

"嗯，是的，但实际上是通心粉和奶酪。"戴夫摇摇头，又笑了起来，"我这是在干什么啊？这明明就像我所能期待的最好的事情，可我却表现得十分扫兴！"

"嗯，听起来上一份工作真的让你很不忿，戴夫。"

"是的，我确实很不爽。这是肯定的了。不管了，新的工作真是太好了！"

戴夫被解雇的经历远没有艾莉森小时候被虐待的经历伤害大。但他们都有一个共同点，就是遇到了不公正对待。当我们看到不公正的事情时，我们看到的其实是我们认为世界应该是如何的、我们认为我们应该如何被对待以及一个违背这些看法的事件之间的差异。还记得勒温提到我们的大脑倾向于在记忆中保留未完成的任务的观点吗？它指的是大脑会将未完成的任务清晰地留在记忆中。陷于过去的不公正遭遇，拒绝继续前进，可能反映出需要修复过去的不公正，调和你应该如何被对待和你实际如何被对待的看法。

用维持现状来纪念曾经的伤害，一般来说是希望获得公正，但这种纠正错误的方法却是在弄巧成拙。在这种情况下，维持现状是一种等待，坚持糟糕的状态，直至好的恢复。但问题是，这种寻求公正的方式从来没有真正奏效过，因为消除这种差异的实际方法是尽你所能恢复到伤害事件发生前的你，这就意味着尽管事件已经发生，但你仍要继续前进。你的选择是用维持现状来搅乱对方，还是无视对方的行为而继续前进。前者实际上是行不通的，就像俗话说的"心存怨恨就像自己吃了一颗毒药，却期待着另一个人死去"。

来自"希望和恐惧"的研究结果表明，你越恐惧希望，就越相信这个世界是可以控制的，但同时你会越觉得这个世界不是仁慈和慷慨的。这些关系相互关联，所以我们无法说清是"对希望的恐惧"导致了这些看法，还是这些看法导致了对希望的恐惧。也就是说，艾莉森和戴夫的故事指出了其中的因果关系——如果我们相信世界是公正的，当我们经历了不公正的对待，那么我们就会恐惧希望。我们会这样是因为，如果我们怀抱希望并允许希望沿着前进的方向推动我们，就意味着我们要在没有公正的情况下继续前进。而在这种情况下我们恐惧希望，因为希望以颓废的姿势威胁着我们为痛苦所建立的纪念碑。

正如艾莉森所说，朝着康复的方向改变，意味着改变你对待过去伤痛的方式，也意味着改变别人对待你伤痛的方式。这对于所有的改变都适用，不管你是否曾经历过不好的事情。当你改变时，你也会潜在地改变你与他人的关系，也可能会改变你与自己的关系。理由九和理由十将涉及这些关系改变引发的威胁。

理由九：维持现状让你不必改变你与他人的关系

积极的自我改变不可避免地会给你的人际关系带来不确定性，甚至冲突。

在我和我妻子的关系中，我最喜欢的一点，也许是最重要的一点，就是她非常喜欢我的小缺点。丽贝卡脑海里一直记着我做过的尴尬而有趣的十件事。比如，有一次，在我们刚结婚的时候，手里没什么钱，我们在一堆垃圾中发现了一把软座椅子，然后我把椅子"退还"给当地的一号码头（美国的家具零售商店），结果被柜台的年轻人训斥了一通。我退到出口处，矢口否认自己在欺诈，然后飞速跑向我的汽车。还有一次，一位女服务员在向我介绍一份菜单时，我以为那是份牛肉的菜单，于是举起手示意她停下来，说："你可以把它收起来，我们是素食主义者。"而实际上她是在向我们介绍酒水。另外一次，我在机场安检时朝另一边的妻子大声喊"印得太模糊了"，周围所有人都转过头来看着我，而我手举机票，疯狂地来回挥动着，那机票是我自己印的，扫描不出来。

这些小事虽然有些愚蠢、令人尴尬，但它们违背了我喜欢保持的公众形象，一个严肃的形象，它们讲述的是一个时而笨拙、时而困惑、时而容易出错的人的故事。我喜欢跟丽贝卡讲这些事情。当她听我讲这些故事，或者目睹我的"不幸遭遇"时，她经常会说："太棒了！"我就猜到她接下来要做什么，她会把这件事添加到"十大糗事"清单里。有时，我们会一起回顾这些糗事，就像一起看一部史蒂夫·马丁的老电影一样。可以想象，一对情侣，手牵手坐在剧院里，深情地看着一部人生囧途。丽贝卡是这个世界上唯一一个会像爱我的成功一样爱我身上凌乱和破碎部分的人，我很珍惜这一点。事实上，如果非要让我在她对我的成就的赞叹和对我的缺点的喜爱之间做出选择，我会很容易做出选择，毫无疑问肯定是后者。

我坚信宽恕自己是一种重要的美德，是治疗许多痛苦的解药，是获得圆满体验的关键。在生活的道路上，需要有人在你的错误中发现幽默，给你带来轻松，否则你会觉得沉重和黑暗，而这会培养你宽恕的美德。那么，收拾办公室、总是知道我的车钥匙在哪里和遵循指示有什么好处呢？如果我追求完美，就会失去一些在婚姻中对我最有益的东西。我确信在我潜意识的某个地方，这种认识有时甚至会妨碍我尝试改变。也就是说，每次我改变的时候，都是在冒险改变我维系最重要的关系时所具有的一个特征。

一边是自我改变，而另一边是我与妻子的关系中可能会失去某样东西，二者呈现出一种动态关系。我举的这个例子是相当具体的，但如果一个人对自己做出了积极的改变，那将会导致很多可以改变一段关系的事情，这些事中有些是会更好地滋养这段关系的，有些则是神经质的。让别人感到不被需要和被无视、让你最好的朋友心生嫉妒、失去熟悉的亲密感觉，或者社会支持网络破碎，积极的改变会用你不喜欢的方式改变你的人际关系。但奇怪的是，这个事实在治疗领域经常被忽视。

艾米丽是一个恰当的例子。艾米丽现在和父母住在一起，每天都在网上玩角色扮演类游戏，经常和来自世界各地的玩家一起组队。通过玩这些游戏，艾米丽和团队中的许多成员建立了牢固的联系，尽管她从未见过他们。他们会在打游戏时和游戏结束后来回聊天。在和我们见面之前，艾米丽已经参加了三个不同的治疗项目，这些项目离她生活的地方很远，主要是治疗那些成瘾患者。对艾米丽来说，她属于网络游戏成瘾。每次接受这些项目治疗之前，艾米丽都要与一位"干预师"见面，干预师曾接受过劝说患者寻求治疗的训练。艾米丽父母雇的干预师专门负责二十多岁的年轻人，用专业术语来说就是那些"不愿离开家的成年子女"，这些子女都有"赖在家里"的毛病。

艾米丽非常讨厌这些治疗项目。她接受完治疗回到家后，发现自己的游戏主机被锁起来了，家里的无线网密码也被更改了，这些都是父母按照干预师的指示做的。她变得很沮丧，整天把自己关在房间里，躺在床上。渐渐地，艾米丽变得郁郁寡欢，与父母的亲密关系也恶化了。跟父母争吵了几个星期后，父母只得把游戏主机还给了艾米丽，允许她继续上网；她又可以重新整天玩游戏了。

鉴于艾米丽的情况，我的项目很适合她。这个项目为那些被精神病学术语描述为"难以融入"的个体提供服务，这些人经常错过预约治疗，而且一般会中途退出治疗。我们通过各种创新手段来帮助他们重新融入这个世界，经常陪他们一起参加活动，并在午休时间和他们见面，帮助他们跟上工作进度。我们处理艾米丽问题的方法，与她过去接受过的治疗方法截然不同。

　　我被指派为艾米丽治疗团队的治疗师，并在她家跟她见面。我最后一次玩电子游戏可能还是玩《大金刚》的时候，所以在见到艾米丽的时候，我完全不知道她跟其他游戏玩家的人际关系有多深。然而，在随后的几次见面中，我开始明白，尽管这些人际关系有其局限性，但它们是深刻的，并为艾米丽提供了一种真正的社会支持和社会联系的感觉。事实上，就与他人互动的数量而言，艾米丽的虚拟社交生活远远超过了我在现实世界中实际的眼神交流、侧耳倾听、握手、拍背（示好）、拥抱，以及在夜晚尽情吃喝等社交方式。

　　认为艾米丽患有"游戏瘾"的看法事实上并没有抓住重点。艾米丽的游戏行为可能会经过时不时的游戏胜利得以强化，同时游戏也提供了更多的互动和内在的满足。她觉得自己跟那些人合得来，觉得自己被需要，觉得自己在别人的生活中有自己的目标和角色。在真实的世界里，这些至关重要的体验很难获得，但她在网络游戏的虚拟世界中发现并得到了这些体验。

　　跟朋友待在一起一整天，试图解决某个问题是一种社会体验；在酒吧坐一晚上，就像在赌桌前赌一晚上一样，都是一种社会体验。尽管不全都是这样，但很多时候成瘾行为是在群体中发生的。由此可见，当一个人想要从其特定的问题习惯中恢复过来时，他们往往不得不脱离之前那个群体。

　　实现自我改变所面临的一个复杂挑战在这里发挥了作用：

在成瘾研究中一个不断发展的概念是，问题习惯经常会与个人与他人建立联系的尝试共同出现，并依靠这种尝试来维持。当你与他人建立热情友好的关系时，你体内释放的化学物质会与你养成危险习惯性行为时体内产生或被激活的化学物质相同。这就是导致成瘾问题如此棘手的原因，成瘾性会激活大脑中天性和进化让你保持与他人的联系的那部分。换句话说，成瘾与你最人性化的部分有关，即你的合作社交部分。成瘾行为，无论是"过程成瘾"（如赌博、购物），还是问题物质使用成瘾，都会创造一种人际联系的感觉。当你戒掉一种成瘾行为时，你通常不得不离开一个群体，一种你可以舒适地呈现给别人的身份，一项你已经掌握的社会行为的技能，一种综合产生的归属感的体验。

回到艾米丽身上，一旦我们明白了她玩电子游戏是出于人际关系导向的价值，我们就知道对她而言最糟糕的事情就是那些基于办公室的，或更糟的基于医院或治疗项目的治疗手段。我们不再只提供家庭以外的治疗，而是采取了三个步骤。首先，在艾米丽的允许下，我们带着她参加了城里的一个电子游戏大会。当然，对于那些认为艾米丽的问题纯粹是某种行为的化学反应的人来说，这种策略即使并不完全危险，也是荒唐的，就像把一个酗酒的人带去了酒吧。而我们相信，艾米丽有可能在大会上经历一些积极的时刻，那些时刻可能会激发她走出卧室的兴趣，去和外界建立联系。这个策略奏效了，因为艾米丽发现成千上万的人和她有共同的兴趣，说着共同的语言。她甚至要求陪同她的临床医生在大会上留下她一个人，然后和她在那里遇到的一群人出去玩了一晚的《龙与地下城》（角色扮演桌游）。

下一步是成为大波士顿实境角色扮演游戏协会的会员。这些游戏通常是在游戏场地里玩的，玩家打扮成游戏中角色的样子，就像穿着戏服的阿凡达，然后去战斗。他们将电子游戏的经历搬到了现实生活中。艾米丽在高中时曾是一个实境角色扮演游戏俱乐部的成员，上大学之后就退出了。我们找到了一个面向成年人的社团，负责艾米丽整体治疗的临床医生提出参加其中一个游戏。他们俩都穿上中世纪的服装进去了。这又是一次成功，艾米丽继续参加她能找到的这种游戏，而且这个过程是由她自己去完成的。通过实境角色扮演游戏和游戏结束后的庆祝活动，艾米丽开始发展起在真实世界的、能够面对面的、真正的友谊。通过这些友谊，她在当地的一家商店找到了一份工作，销售二手电子游戏。在我们的帮助下（第三步），艾米丽很快从父母的房子里搬了出去，跟一位同事合租了公寓。

艾米丽实现了她与电子游戏关系的改变，从之前整天耗在电子游戏上，无法做到精神上的自给自足，到现在找到方法与那些她曾经所依赖的虚拟关系的"黑客帝国"之外的人保持联系。她无法通过参加专注于改变她行为的心理治疗项目来实现之前生活方式的改变，因为那样的项目要求她改变自己的社交网络，而放弃玩游戏最终会导致她脱离那个网络。

在艾米丽与实境角色扮演游戏之间重新建立起联系之前，她养成了一个问题习惯，把自己关在家里，不去工作，也阻断了与外界面对面的交流。我确信她在玩虚拟游戏时偶尔会赢，才导致她一步步陷入其中的，但同时她也迷恋上了一种对大多数人来说不可抗拒的东西，那就是与他人形成有趣的、投入的、合作的联系。我们通过让艾米丽维持这些关系，同时帮助她离开她的房子的束缚，提供给她一种方法，让她既能够保持有价值的社会联系，又能降低网络游戏的力量，让她不再与真实的世界相隔绝。

艾米丽表现出了她所怀抱的极大的希望。她被给予了走出房门回到外部世界的机会，也确实抓住了这个机会，向着希望的轻盈地奔去，远离惰性和绝望的坚硬岩石。艾米丽依然做好了充足准备把她的问题抛在脑后（讽刺的是，传统的治疗方法是唯一真正阻碍她的东西）。她只是需要正确的社会心理资源来继续前进，比如社会支持、自尊以及自我效能。一旦这些资源都到位了，她便可以改变。然而对于许多人来说，获得社会联系的机会要狭窄得多，维持有害的成瘾行为是他们建立与他人联系的良性方法和主要途径。

问题即钥匙

团结——群体联系和社会支持；服务——目的、贡献、角色；这些可以实现康复。嗜酒者互诚协会对会员资格的强调是其哲学和方法的一个基本方面；该协会通过组织联谊活动替代了酒吧凳子或射击室。如果你和大多数会员交谈，他们会告诉你，他们通过会议前的互动（有些人称之为"会议前的会议"）得到的康复和从会议本身得到的一样多，甚至更多。比如跟一群人驱车去那里；大家在当地一家餐馆里，餐前餐后相互交流；在上路回来前一起吞云吐雾一番；一起开车回来。他们说，所有这些互动、参与和联系的机会，对他们的康复比实际完成规定的 12 个步骤更重要。

嗜酒者互诚协会提供了一种基于康复的群体联系的体验，来替代之前以物质使用为基础那种体验方式。通过关注人际关系，我们发现了对某种物质成瘾的原因：人际关系和人际关系缺乏。从某些方面来讲，该协会利用了公会或宗教团体的精神（所有这些团体都专注于服务和团结）来帮助人们从脱节的问题中恢复过来。不过这种不算秘密的入会仪式，比如握手、特殊的敲门声或口令都是有意义的：你必须承认自己对某种物质上瘾才能进去。

你的疾病，你人格上的污点，换句话说，就是你进入嗜酒者互诚协会的钥匙。如果你得出的结论是，你和许多人一样，已经"戒掉了这个习惯"（这一可能性越来越得到科学的支持），从后视镜中看把令你成瘾的物质抛在身后，那么你就失去了会员资格。你甚至可能在嗜酒者互诫协会中失去朋友，你的行为是对"否认"的亵渎。如果你决定你仍然可以有意识地喝酒，但以一种安全的、适度的方式（另一种获得很多关于习惯性使用的科学支持的方式），那么忘掉它吧，你已经脱离协会了。

所有行为治疗都存在这样一个潜在问题，那就是向接受治疗者提供建立社会联系的承诺，而这种联系只有通过承认自我缺陷才能实现。事实上，好的心理疗法以一种似是而非的方式提供这种承诺，当患者和治疗师建立起的合作纽带近似甚至达到爱的体验时，心理治疗就会起作用。然而，这种充满爱的关系，其目的是让患者变得更像她自己。因此，患者恢复得越好，这种关系对她就越有利，她就越趋于与她感觉非常亲近的人分离。

我曾在自己之前的一本书中写到，对我的患者来说，这种动态关系很难应对，他们已经在精神健康系统中度过了很长一段时间。对他们中的许多人来说，社会支持和社会联系主要来源于治疗专家或其他病友。他们的社会世界，那个他们能够被了解、被接受，以及他们知道如何导航的世界，就是精神治疗的世界。所以对这些人来说，变得更好意味着失去了我们所有人在生活中前进所需要的基本资源。因此，他们无意识地、但可以理解地抗拒改变，成为"职业病人"，或者如我所说的"病人事业家"。

那本书是专门介绍具有"准自杀性行为"的个体的，他们做出重复性的自杀姿势，但通常不会出现物理风险（比如，浅浅地割手腕、服用稍微过量的药物、只是威胁没有危险），而这些行为将不可避免地提高治疗师的关注和干预。我在书中认为，这些准自杀行为越多，一个人的"职业危机"就越严重。引发这种危机的事件类型本质上与你一般的工作危机恰恰相反。当你在工作中犯错时，你会担心自己的事业。然而，对于以病人为职业的人来说，当事情走向正轨时，他们便会感到担忧，比如，他们找到了新的工作、在班里取得了好成绩，甚至在治疗中开始表现得更好了。这些成功威胁着"病人事业家"，他们开始担心一旦病情好转会失去的一切。准自杀行为，即潜在的自我伤害的戏剧性行为，把他们拉回受限但舒适的"病人事业"。

病人事业的故事体现的是极端的不安全感，以及一种缓解存在焦虑与孤独的极端行为。但是，由于你越来越能够做到精神上的自给自足，导致会失去一段关系，这看似悖论实则并无不正常之处，这是父母与孩子关系的一个基本特征，也是我们人生中所拥有的各种关系的一个基本特征。

在他人存在下的孤独

如果你是一位家长，你肯定会遇到过这种情况：你的孩子在另一个房间里独自玩耍，你能听到她在那儿一个人说话、唱歌、弄出各种响动。她似乎玩得很专注，与你在另一个房间的存在完全隔绝。这时电话铃响了，你把电话接了起来。突然，她出现在你身边。你努力接着电话，集中精力想听清对方在说什么，但听到的只有"爸爸，爸爸……"这时，你可能会意识到你孩子从来都不是一个人在玩耍。一直以来，你的存在促成了她的独自玩耍。她能够独自一人，因为她知道你就在另一个房间里，听着她，想着她。唐纳德·温尼科特称之为"在他人存在下的独处"。她独处、玩耍和想象的能力，实际上都依赖于她能感觉到你心头挂念着她。这个电话打破了你在场的魔咒，因此破坏了她"独处"的能力。

为了安全地生活，成年人也需要这种感觉，希望有人在想着他们，他们存在于其他人的意识中，虽然他们独自一人，但他们对其他人来说是至关重要的。当你知道自己存在于别人的意识中时，你可能会独自玩耍或工作，接受这种孤独以及由此产生的责任感，但你的孤独没有那么严酷，也没有那么孤独。

你可以通过在某件事上的成功获得别人的注意，但是成功很可能不会让他们关注你太久。正如研究表明的那样，坏事总比好事分量重，你的成功可能只会帮你得到短暂的关注。而反过来，如果你让另一个人担心你，因为你在受苦，你失败了、受伤了或者在某种程度上处于危险之中，他们对你注意力的强度可能会更强，持续时间可能会更久。

回到爸爸、孩子和电话的故事中来。现在我们假设你忽略了孩子"爸爸"的呼喊，接下来会发生什么呢？可以预见到的是撞击声、一声叫喊或一种冒险的姿势。如果孩子无法得到你的注意，仿佛事关她安全的重要人物并没有考虑她，随之产生的孤独感威胁着她时，她会倾向于选择拉响坏消息的警报而不是奏响好消息的小夜曲。通过这样做，她可以直接进入父母和孩子关系中原始的危险和保护的召唤与响应程序中。

年幼的孩子完全依赖父母，这种抚养和保护的依赖关系决定了父母和孩子之间的关系。确保父母可以尽其所能地照顾孩子，而孩子为了安全成长与父母联系在一起，这种感情叫爱。但这里有一个问题，那就是父母的任务是帮助孩子成长到一定的程度，那时孩子会变得独立于父母，不再需要父母爱的行为。父母与孩子关系中的爱总是关于需要满足需要，风险与保护避免风险，成长以及保持成长的支持性联系，而最终目标是结束这种循环。一些幸运的父母和孩子更容易在这一动态中达到平衡，孩子干净利落地离开，更轻松地体验与父母的成年关系，既独立又深情。但我们很多人却不是这样，许多孩子依靠坏的力量（需要、恐惧、缺陷、弱点）来吸引父母的注意力。我第一次尝试独立的时候就有过这样的经历。

我花了很长时间才找到方法，与我的父母建立一种不是基于"我需要从他们那里得到什么"的关系。他们（都是在大萧条时期长大，其中一人是犹太人，生活在一个变幻莫测的世界，背负着历史的包袱和精神创伤）花了很长时间才与我建立起这种关系，他们既不会主动给我提供资源，也不会想方设法保护我。20岁出头的时候，我住在洛杉矶市中心，人生没有什么方向，装作是个艺术家，只是发挥了自己很少一部分的能力罢了。导致我那副样子的部分原因，是我把爱和需要混为一谈。在那段时间里，我用自己的问题和缺乏进步的表现维系着我与父母的联系。我不知道自己是否能与他们建立一种崭新的、完全不同的关系，同时又害怕失去"对他们的需要"这种可靠的联系。

记得有一天晚上，我刚刚经历了一场车祸，我的父母来到洛杉矶，带我出去吃晚饭，宽慰我。那种得到他们帮助和照顾的感觉非常好，我仿佛回到了我应该在的地方，我的体内平衡感——"应该怎么做"得到了重建，我的心理健康体验比过去几个月都要好。如果我变得更好，精神上变得更自给自足，也许我的眼睛会更多地盯在路上，注意使用车子的转向灯，那我就有可能失去父母充满爱的拥抱和关怀了。

我喜欢维持现状，继续犯足够多的错误，让父母也参与进来，这当然反常。但这种动态，在不同程度上存在于我们所有人的内心。少摔倒几次，别大声叫嚷需要关心，就意味着失去被抱起的舒适感。这种渴望被保护和照顾的愿望，在我们成年后会传递给各种各样的人，包括我们的朋友、同事，尤其是我们的亲密爱人。

埃里希·弗洛姆曾写道："不成熟的人爱说'我爱你，因为我需要你'，成熟的人爱说'我需要你，因为我爱你'。"我们越接近成熟的爱，越能体会到这种爱是我们自发产生的。弗洛姆写道："矛盾的是，独处的能力是爱的能力的条件。"但是，掌握这种"独处"的能力并不容易，而且很少有人能始终对自己的孤独感到完全舒适。我们常常渴望一份不成熟的爱，来应对存在焦虑。

对孤独和责任的焦虑是抑制所有改变的核心力量。如果你觉得改变不仅让你更加孤独，还会让你在别人的脑海中无法停留很长时间，那么焦虑就会增强。那么如何平衡你对这种孤独的焦虑和你需要朋友与家人陪伴的感觉呢？一种方法是不改变，并且让别人因为你没有改变而持续关注你。

我们每个人心里都住着一个 20 多岁的年轻人和一个病人事业家，在只知索取的不成熟的爱和知道给予的成熟的爱之间挣扎，这也是为自己的孤独而挣扎。因此，为了感受到被包裹和被挂念的温暖，听到"你并不孤单"的低语，发出功能障碍和问题的信号就变得非常诱人。与成功相比，惹麻烦的迹象更能吸引别人的注意力，它们呼唤的是一种你不需要努力就能得到的爱。事实上，这是由于你表面上缺乏主动性引起的。

当你跌倒后得到安慰，依赖于别人的智慧和关心，你便可以回到孩童时的天真自在。他们温暖着你，充满爱意地看着你，你幸福地睡着了。谁不想这样呢？

　　"离家失败"这个词语让我觉得自己的职业掌握了侮辱的
艺术。这个词语不仅是一种侮辱，而且还是错误的。一个很难
离开家的年轻人，并不是其本身在"离开"这件事上出了问题，
他并不是一个存在故障的火箭，他不过是存在爱的问题，以及
害怕与生活中最亲密的人失去联系。那些高中毕业后没有马上
搬离家的人或者大学毕业后搬回家的人，通常会想方设法让这
种爱继续下去。他们害怕自己一旦改变就会失去它。这种情况
虽然不太好，但是可以理解，而且绝对不是一次失败。

　　与亲近的人失去联系是痛苦的，无论这个人是你的父母、
人生导师、网球教练、治疗师、戒酒者互助协会的互助对象，
还是在酒吧的同伴。但有时你必须改变这些关系，才能继续前
进以及改变自己。有时，就像孩子跟父母在一起的经历一样，
失去精神投注的可能性很大，因为失去担心的力量意味着失去
悉心的、独有的关心和照看。这让我们回到了这样一个事实：
在每一段关系中，总会有分量重的坏事对分量轻的好事之间的
拉扯。

　　这种保持自己消极方面完整的拉力不仅涉及你需要以一
种不变的方式与他人保持联系，也与你希望与自己保持联系
有关。

理由十：维持现状让你不必改变你与自己的关系

改变自己意味着改变你与自己的关系，这是最后一个维持现状的理由。在某种意义上，前九个原因都是关于你和自己关系的改变，而如何向前迈进意味着朝着希望带你去的未知方向前进，采用新的姿势，屈从于你所做的改变。它要求你与一个新的自己建立联系，这个新的自己是孤独的、负责任的、严肃的，并且愿意考虑下一步是什么；改变需要你在谦逊区与自己建立一种新的关系，对期望产生一种无私的恐惧，愿意摧毁你痛苦的纪念碑并与他人建立一种全新的或不同的关系。这就是改变很困难的原因。

现在是我坦白的时候了，我在书中重复提到了一个小谎言。事实是：我的办公室并不像我在书中描述得那么乱。当我开始写这本书的时候，我觉得一个放置整齐的办公室会更有利于写作，所以我把办公室收拾整齐，把所有不需要的东西都收起来。我一直坚持这样做，在一天结束的时候把东西放归原位，然后清扫干净。我的办公室并不完全是北欧风格，但这一年半的时间我都在那里写作，它现在依然干净整洁。

然而，整洁的办公室并不代表我对自己的看法。在经历了多年的脏乱和仅仅 9 个月干净整洁的办公室生活后，我的自我感觉仍然是一团糟。多年来我对自己乱糟糟的状态感到很不满，这让我在脑海中给自己烙下了沮丧和羞愧的印象，被一堆杂物包围着。我敢肯定，我对自己的这种看法不仅是因为办公室杂乱导致的，其实也反映了几十年来被贴着学习障碍标签形成内化的污名，因为学习障碍最臭名昭著的症状就是组织混乱。我也确信还有其他更深层次的问题在起作用。但不管出于什么原因，如果有人对我说我的办公室很整洁，给他们留下了深刻印象，我肯定会感到被误解。这感觉就像我生活在一个谎言中，自己好像一个为骗局画了完美布景的骗子。

事情就这样颠倒了过来，因为真正的骗局——我一直在骗你，而我在写作的时候也一直在骗我自己，其实是我的办公室一团糟。我下了一招大棋，在写作的时候一章接一章地描述我凌乱的办公室。为什么？为什么要把一项成就颠倒过来说成失败呢？部分原因是我需要在"你如何看待我"和"我自己的自我认知"之间保持某种连续性。正如我所写的，我们都有一个"镜中自我"，需要通过别人对我们的认知来确认我们是谁。你是我的一面镜子，我想在那面镜子里看到我相信自己是的那个人。这种对连续性的渴望非常大，大到我说的关于我办公室的谎言比事实对我更真实。

这一点在社会心理学家威廉·斯旺的"自我验证理论"中得到了阐释。斯旺认为，你需要感到你对自己的看法和别人对你的看法之间有明显的一致性。这种一致性需求非常强烈，以至于你经常选择验证一个熟悉的（如果妥协了的）自我，而不是验证一个增强的自我，即使后者得到了更多的支持。斯旺认为，即使你对自己抱有负面看法，就像我办公室曾经乱糟糟的，你对自我验证（或自洽性）的需要通常占主导，所以你努力让别人通过你负面但熟悉的形象来看待你。

这里又出现了一个剧场，你在里面既是演员又是观众。你想和旁边的人看一样的表演。所以，如果你觉得自己的某一部分不好，你希望他们也能看到这一点，因为你希望他们能反映出你对自己的感觉是准确的。

某一天我参加了一个聚会，我朋友的儿子詹姆斯从医学院回来了。他是个很棒的小伙子，为人谦虚、体贴周到，我一直很喜欢他。然而，对他来说，学习从来都不是一件容易的事，他需要比其他孩子加倍努力才可以有今天的成就。他这个人很安静，从来对别人的注意不感兴趣，我认为他在高中时应该没有得到多少关注，默默无闻，跟一小撮同样认真的同学玩。詹姆斯和我一直保持着一种温暖的关系。

"医学院的生活怎么样？"我问道。

"挺好的。我的各门功课成绩都还可以，但老实说确实挺难的。"詹姆斯答道。

"肯定很难。我甚至无法想象有多难。"

"是啊，不过我其实还得了一个奖。"

"真的吗！什么奖？"

"年度最佳学生奖。"

"哇！真是太神奇了，詹姆斯！得奖后你感觉怎么样？"

"还好，也有点怪。"

"奇怪？"

"是的，我不明白，好像这个奖不是我得的，像别人拿到了一样。很奇怪。"

"不过也很难以置信，对吧？"

"那肯定了，毕竟是一件大事。我父母一直都是这样告诉我的。其他的同学也在不停地向我祝贺。所以，是的，这很难以置信。但……我不知道，我觉得我应该更兴奋，就像'哇，我真的得奖了'，然而我并没有。"

"是的，当你取得优异成绩时，有时就会有这样的感觉。很难整合到一起，对吧？"

"我跟你说实话，在我获奖之前，我其实更喜欢和同学们在一起。不要误解我的意思，得奖这件事确实棒，肯定会帮助我得到最好的实习机会，但仍然……"

詹姆斯不是一个期待获奖的人，他对外在目标没有兴趣。他确实喜欢以后得到更好的实习机会的内在奖励，但他无法以一种让他感觉到真实的方式"整合"这个正式的、外在的"年度学生"奖，以便让这个奖与他对自己的看法保持一致。

对自我的格式塔的需求非常强大，这种需求会阻碍你的一些感受，而提升其他感受，并在你最重要的人际关系中引导你。几个月前，我和丽贝卡去荷兰看望在那里留学的麦克斯，在半道上我想到了这些。

丽贝卡和我在麦克斯上大学的小镇下了车，麦克斯在那儿等着我们，骑着他的自行车，自信而骄傲。那个在机场紧张又害怕，不停地说着"我还没准备好"的孩子不见了。那天和麦克斯在一起的时候，我注意到他发生了很大的变化。他看上去成熟、独立，完全是自己的主宰，这是父母的期盼。我简直无法相信这种转变，他正稳步走上精神上自给自足的道路。

我感到非常骄傲和欣慰，但也有其他更沉重的情感，这些情感最终压倒了身为父亲的那种轻松的自豪感。我感觉没了方向，不知道自己的角色是什么。我现在是谁？我对他算什么？更重要的是，他和我之间的联系将会如何？这导致了其他的感受，痛苦阵阵、怅然若失，以及渴望得到最后的触摸却错过的无助。

在荷兰几乎每周都在上演着规模庞大、酩酊大醉、遍布全城的派对，我们去的那一周也不例外。麦克斯和宿舍里的一群孩子很快就成了铁哥们，他显然不想错过任何一次狂欢。所以在我们到那里的头几天晚上，他说想和朋友一起出去时，我们自然会欣然支持。再说了，这种亲密的朋友圈也是父母所期望的，尽管我们并没有想到过会有失去的痛苦。旅行、假期都是以前家庭旅行的内容，我那时喜欢做各种计划，但现在麦克斯在做他自己的计划，那些计划中并不包括他妈妈和我。

我在荷兰见到麦克斯后，我和他并没有真正建立起我渴望已久的联系。在我们的关系中，事情第一次变得尴尬，至少对我来说是这样。我们之间有很多空洞的沉默，没有一个可以让我们围绕展开的问题以继续我们之间的传统——那种充满需求的呼唤和保护性的回应。麦克斯身上没有任何之前让我忧心的痛苦，也没有让我可以坚持做回父亲角色的余地，承担起我这个最重要的责任。

　　我现在已经回到家，但那种感觉依然挥之不去。虽然写这些让我感到惭愧，但我内心很大一部分仍渴望着麦克斯离开机场前坐在长椅上的那一刻，那时他还需要我。我想回到那个时刻，因为那时我知道应该如何爱他，而且更自私地说，在那里陪伴他、安慰他，给予了我一个如何看待自己和他如何对待我之间的格式塔，而这是我现在所不能拥有的。直到现在，麦克斯和我之间都存在一笔心照不宣甚至是没有意识到的交易：我依靠麦克斯，他赋予我角色、目的感以及爱他的方式，而麦克斯依靠于我，我赋予他保护、温暖、食物和爱我的方式。

　　要是麦克斯不违背协议就好了。长大成人后，他把我甩在了身后，让我感到不舒服、尴尬，也不知道前面的路该怎么走。我不知道我对他来说是谁，所以我也不知道我对自己来说是谁。一切都还不清楚，我不确定如何安全地进行下一步，或者是否有安全的下一步供我选择，我还没有准备好。

第十一章

最后一幅画像

———————— · ————————

看不见的丝线是最强劲的联结。

——弗里德里希·尼采

现在，你已经在"维持现状的十大理由"的画廊里仔细浏览过一番了。我希望其中的一些或全部画像能帮助你思考自己与改变和现状之间的争斗。

每个理由都对一个共同主题进行了独特的阐述：个人改变中总是包含着两种力量间的紧张关系，其中一种力量推动你向改变前进，另一种力量则把你往现状拉扯。希望及其背后的动能——信念，两者构成向上的力量，而存在焦虑和对希望的恐惧则构成了向下的力量。你为了从现在所处的位置到达你想要到达的位置，就必须解决这些相互对立的箭头之间的紧张关系。这些独特的力量，以及它们之间的紧张关系，是这十幅画像的画框中包含的基本元素。

我竭尽全力去构建框架把某样事物框住，不得已把某些元素排除在外，以创造出某种可以被整体理解的假象。这正是搭建框架的艺术，作家的工作与画家类似，画家必须决定肖像从何处开始、在何处结束，他们要决定在画框中保留哪些元素，剔除哪些元素。当你给想法搭建框架时，这会是一件特别棘手的事情，因为有时候你排除在外的东西具有其他重要的意义。

这正是我对这本书担心的一点。我担心当我们试图从现在的位置到达我们想要到达的位置时，每一个"场"中还有其他箭头在推动或阻碍我们前进。这并不是说我在整部作品中完全没有提及过这些其他的箭头（其实我在第七章讲彼得的故事时深入地描述过，就是那个马上要成为海洋生物学家的年轻人）。相比于存在张力引发的强烈冲击，这些描述实在是有些轻飘飘。

社会状态的箭头

任何实现自我改变的尝试中都包含希望引发的驱动力和存在焦虑引发的抑制力，当我们试图改变的时候，这两种力量就会显现出来。然而，在我们每个人的"场"中都还有其他向上和向下的箭头，使你我在实现自我改变时做出不一样的尝试，也让每一个"场"都变得独特起来。这些箭头中有的是关于个人天资、才干和优势，但更多的是关于我们独特的社会经验：我们与他人联结的紧密程度和对他们的重视程度；我们对世界怀有的使命感以及社会在我们眼中的价值；我们的社会地位、经济地位以及政治地位。后者与你我在他人世界中的社会状态有关，意识到它们的存在非常重要。

所以我需要画下第十一幅画像，把它挂在画廊的出口附近，它是在你离开之前需要认真思考的事物。如果我不这样做，那我的想法有可能会被置于不恰当的框架中。

当心极端分子

"你在脑海中坚持什么，就会在生活中经历什么。"励志大师托尼·罗宾斯如是说。

"如果你能想象得到，你就能做到。"另一位励志大师、《心灵鸡汤》系列的创作者之一杰克·坎菲尔如是说。

罗宾斯和坎菲尔都深受《积极思考就是力量》一书的影响，这本诺曼·文森特·皮尔的著作是许多成功学思想的基础。和那些成功学的前辈们一样，他们都高喊自己是命运的主宰，我们可以通过改变自己的情绪、态度和想法来掌控命运，通过简单地想象一些不同的东西来克服任何障碍。

从最粗浅的表面看来，"维持现状的十大理由"和罗宾斯、坎菲尔以及皮尔的想法在同一框架内，因为它们都表达了这样的观点，即我们要为自己的生活负责。我们往往倾向于逃避这一事实，导致我们裹足不前，我们必须亲自抓起缰绳、意识到自己是自己的主人才能过上更好的生活。然而，尽管我们在一般原则上略有相似之处，但推崇积极思考的人所描绘的图景却与我在本书中所写的内容恰恰相反。这是因为他们把我们的存在孤独推向了激进的一面，并以一种极端（你是一切的主宰所以你可以通过思想改变一切）且令人愉悦（你可以选择快乐，现在要保持平静）的方式对它进行了包装。

我们是孤独的，要为自己生活中做出的事情负责，所以我们对自己经历的事情拥有选择的权利。这一事实是一个深刻的道理，但当它被推向某种念力的极端，以至于你觉得自己可以把现实当作勺子并用意念弯曲时，它也就变成了一种完全错误的想法。这是因为在存在孤独中包含着一条"兼而有之"的大道——我们既是孤独的，也是彼此相连的。

死之于生，恰如"阴"之于"阳"。与死亡那深刻的、引发我们焦虑的真相，相对的就是我们还活着。每一种富有生命的事物都会成长和变化，而每一次成长和变化都需要周围的环境共同完成（如果你掸一掸中学生物课本上的灰尘，你就会发现这些道理都写在里面）。作为人类，你所依赖的环境中有很大一部分便是其他人。

在自我改变这件事上，每个人都会竭尽所能。在这段旅程中，你既需要孤身一人上路，也需要别人的帮助才能到达目的地，我希望你不要忘记这一点。我不希望你在合上这本书时，认为自己只在书中看到了十幅装裱地道、关于孤独与责任的画像，这些画像告诉你只能依靠基因中自带的勇气或某些专家开出的药方保持前进，而没有看到自我改变中的紧张关系总是被人与人之间的联结包裹着。

马克与他怀着希望自发起舞却被父亲毁掉的痛苦；玛丽与她对团队经历的热爱，以及她所经历的所有令她远离这份热爱的损失；吉姆与车祸带给他的羞愧感，以及他那种再也无法为社会做出任何贡献的感觉；麦克斯与他独自一人时那种"还没准备好"的感觉；安与她想要用流利的西班牙语和当地人交流的愿望；裤装画家、装模作样的人与所有试图让自己赶紧体验到自我完成的努力；彼得与那种在这个世界上无法找到自己位置的感觉，以及和朋友相比时他那挥之不去的羞愧感；约翰与他迫切地想让别人看到他瘦下来的绝望；杰克与苏珊描述了他们酗酒时那种强烈的孤立感；艾莉森的纪念碑、戴夫的怨愤、艾米丽的孤独；詹姆斯努力让自己的谦卑适应他所获得的荣誉，以及我自己早期经历过的羞愧和被排斥的感觉。在每一个维持现状或倾向于维持现状的故事中，主人公要么是在奋力向上顶着负面社会体验的箭头，要么是缺乏生活中积极人际关系的箭头。当他们在这些故事中实现了改变时，这些箭头的强弱也发生了逆转，向他们施压的负面社会箭头减少了，或是他们从社会中获得了一些东西能够推动他们前进。

想想布丽姬特和她父母怀抱的信念带来的力量；玛丽开始越来越多地建立与他人的联系，无论是参加读书会、认识霍莉还是得以重返团队活动；吉姆的社交生活不断改善，他逐渐康复并重新找到了生活的意义；萨姆在面对另一半时许下的"好的/然后"的誓言；安的朋友对她的孩子气的喜爱；麦克斯在荷兰时迅速与同学们建立的联系；埃里克以及他周围人同心协力帮他完成的"白痴卡"的行动；彼得无意中在酒吧里找到了自我完成的感觉；艾米丽再次加入了实境角色扮演游戏俱乐部；杰克与苏珊在嗜酒者互诫协会找到了志同道合的人，以及我自己年轻时对负面但又具有保护性的身份认同所做出的各种探索。

无论是以维持现状的方式结束，还是以自我改变的方式结束，所有这些故事既含有个体对自身存在的担忧，也包含了社会力量，这些力量要么约束着我们，要么赋予我们力量，让个体的存在尽可能地深刻且富有意义。

我并没有为了在这里强调人与人之间的联结，而刻意在每一个故事中植入这样一个主题。我不需要这么做，因为故事本就是这样自然而然地展开的。毕竟你不可能在讲述一个关于自我改变的（真实的）故事的同时，却丝毫不提及人与人之间的联结。

那支象征着创造性、自发性和即兴生活的"紫色蜡笔"是多么美妙啊。但是，如果在你的"场"里，向上的社会箭头不够强劲，或消极的社会力量在拖你后腿，你就无法用这支"紫色蜡笔"做任何事情。

社会状态在自我改变中的故事

回想一下你平常的一天。是什么决定了你对个人目标做出正确的选择？就我自己而言，如果一天中有什么事让我在社交上感到不安，我很有可能会来上一份芝士牛排或一杯苏格兰威士忌（或两样一起吃）。这种不安可能是由一些具体的事情引发的，比如在工作中与某人在互动时遇到了困难，也可能是某些更普遍的事情，比如我的整体使命感和对他人的价值感有所下降。在这两种情况下，我越是觉得自己与社会脱节，就越有可能吃牛排或喝威士忌。

我们从所处之地向欲往之地前进的能力，在一定程度上受外部环境影响，这一观点可能会令人沮丧，因为它打破了我们的信念，即我们可以完全依靠自己的内在品质，在失望中依旧保持前行。但是一个观点如果纯粹从个人角度出发，并削弱了教育、基因和我们早期生活中经历的教训等这些构成我们恒心的根基，那这个观点只能算说对了一半。内在的坚韧总是通过外部联系得以加强的，这些外部联系包括朋友、家人、近邻、同事和更广泛群体的支持。

把这些观点带回到本书的主题中，是为了以这种方式认清我们彼此之间的依赖。为了实现自我改变我们必须承担孤独与责任，而我们承担这些的能力，取决于我们在多大程度上觉得自己并不孤独。这是一个悖论，若想基于自己的存在独立行动，不受他人和环境的干扰，并面对你的自由，你需要一种安全感，而这种安全感只有当你成为周围事物的一分子时才能获得。

在我之前提到的关于依恋剥夺研究中的那些婴儿，就是这个悖论完美的例证。对父母能够产生安全依恋的孩子，不会缠着父母。相反，正是因为他们的安全依恋，他们才更有可能独自去探索，而不像那些缺乏安全依恋的孩子那样。这类安全依恋的结果以及这类依恋培养出的，往往是一个自主的、自己能为自己创造满足感的成年人。

矛盾的是，这类成年人也最善于为了成长而舍弃与他人之间的联结。他们仍然需要他人，只是不留恋。弗洛姆曾写道："独处的能力决定了爱的能力。"无论我们有多强的能力去应对"我们都是孤独的"这一残酷现实，我们都从未停止过对他人的依恋。我们的成长和探索始终依赖于这些依恋的深度，我们需要稳定的人际关系，以便承受自由带来的眩晕感。

你在面对改变时表现出的固执，在一定程度上依赖于你的社会关系，这一点在当地社区的瑜伽馆可以得到证实。大多数瑜伽馆教授的都是一套规整的、相当标准的姿势，里面没有太多变化。这就意味着这些瑜伽馆老师给出的动作指令，在家里也可以很容易地进行。那么，人们为什么还要去瑜伽馆，心甘情愿地掏出他们辛苦赚来的钱呢？

团体健身训练也是一样的，看一两个视频，选一个不错的训练方式来锻炼你的核心肌肉，就都可以搞定，为什么还要搞动感单车工作室、综合体能训练营、尊巴舞馆？为什么慧俪轻体（一家提供减肥和体重管理产品与服务的美国公司）还要成员们定期聚会？派乐通是一家市值 40 亿美元的公司，他们销售带显示器的动感单车，可以显示动感单车课程的实时情况。当你在舒适的房间骑着动感单车时，显示器可以让你宛如在和其他人一起骑车。为什么要花钱去和虚拟世界里的陌生人一起挥汗如雨？因为当你和别人在一起时，别人的支持会让你充满动力。当你走进这些俱乐部或加入这些团体时，你并非真的是为了学习如何更好地训练或更快地减肥而掏钱，你所购买的是某种只有团体活动才能给你的东西，即面对困难和痛苦时让你保持前进的、由社会因素驱动的韧性。

很明显，你实现自我改变的能力很大程度上取决于你个人往"场"中带入了什么以及这个"场"中有什么向上的箭头。你可能听到过许多关于内在核心的论调，这个核心令你坚持下去且得以漠视周遭的其他因素，你可以只依靠自己的内在核心就拥有一颗坚韧的心。但是，在我们个人主义至上和鼓励"修复"个人缺陷的病态文化中，那种"不顾抑制力的作用而向前迈进的能力很大程度上取决于你的社会状态"的观点总是被忽视，而这种忽视完完全全是错误的。

事实上，你向前迈进的能力部分依赖于某些社会心理"资源"。这是社会心理学家斯蒂文·霍布福尔提出的论点，也是他在"资源保存"理论中提到的观点。

调动社会资源

对霍布福尔来说，某些社会资源，比如一般自我效能感或自尊，在某种程度上是作为心理特质存在于你的品质中，但也会随着我们的行为和环境变化而起起落落。其他的资源则完全存在于我们身外，比如我们所拥有的社会支持以及我们的归属感。

举一个简单的例子，你对山坡的感知是怎样的？这是现实生活中一个非常恰当的例子，社会心理学家会用这个例子来研究人们对挑战的感知。事实证明，你的目标感、所拥有的社会支持、自我价值体验，都会影响你对爬山需要付出的努力的判断，甚至还会影响你对坡度的感知方式。对于富有使命感、觉得自己得到了团队的支持，或对自身的自我价值有较高认知的人来说，他们在估计爬山所需付出的努力时，会倾向于认为跋涉的过程不会特别费力，山坡也没有多么陡峭。

当你向自我改变的目标进发时，你需要对两个部分进行评估。第一部分涉及你对挑战的感知方式，当你看着面前自我改变的目标时，你要做的第一件事就是判断它的斜率和所需付出的努力，即从你所处的 A 点到达目标所在的 B 点需要做多少功；第二部分涉及威胁，当你从 A 点向 B 点移动时，会发生哪些让你感觉不舒服，甚至可能是危险的事情。正如和我一起进行"希望与恐惧"研究的同事肯特·哈珀在他的"资源与感知"

研究中发现的那样，我们对威胁的感知方式也会受到资源获取方面的影响。

在一项研究中，哈珀把一只狼蛛放进了一个透明的有机玻璃盒里，盒子上连着一根渔线，受试者可以操纵渔线把狼蛛盒拉向自己。那些自我价值感较低的人，会错误地认为狼蛛比实际上更靠近自己。对于我们的讨论来说，最重要的一点是，参与者在那一刻的自我价值感会受到哈珀和实验室伙伴的诱导，高自我价值群体会通过回忆某人以某种有意义的方式，帮助他们的经历来提高自身的价值感；而那些自我价值较低的人，则会回想起他们没有得到支持的时刻。

在我看来，哈珀的研究同许多社会心理学家关于社会状态、能动性以及判断威胁与挑战的能力之间关系的研究一样，都描述了"把自己视作一艘能从此处航行到彼处的可靠舰船"这种能力背后的力量。我们关于"希望的恐惧"的研究支持了这一观点：在我们的研究对象的生活中，这类支持性的资源越少，他们对希望的恐惧就越深。当你感受到自我价值，相信你在摔下来时，支持你的人会接住你，在生活中怀有驱动你去实现目标的使命感，拥有强烈的自我效能感、自尊及其他资源时，你会觉得你所驾驭的那艘名为"你"的庞大舰船足够强大，它撑得住与你的野心和目标相匹配的沉重的责任感，能带领你驶向任何你想去往的地方。

社会心理学方面的研究和普通的常识都已清楚地表明，社会经历可以增强或削弱你持之以恒的能力。当你的生活中有充足的社会资源时，目标的终点线看起来近在咫尺；而当你缺乏这些社会资源时，那条终点线看起来就像是地平线上一道模糊的阴影。为什么社会资源如此重要？

一个显而易见的答案是，我们是社会动物，也许是所有动物中最"社会"的。正如德高望重的博物学家爱德华·威尔逊描述的那样，我们的大脑是专为社会互动设计的，我们的生存更多地依赖于协作与合作，而非生存的本能。当我们失去与他人的联结时，我们便真的如鱼离开了水一样，所以我们会更注重确保自己的基本需求得到了满足，更关注我们自身的安全，而非冒险提升自己。我认为这个答案非常正确，但它只解释了为什么我们需要社会互动和支持来维系我们前进的步伐，没有解释这些资源是如何帮到我们的。

在我看来，你越是在他人眼中感受到自己的价值以及与他人的联结，你冒险面对人生终极孤独的意愿就越强烈，因为你觉得周围的安全网会在你摔下来时接住你，这让你感到安全（有什么比这种安全措施更安全的呢）。良好的社会经历会滋养你，让你产生这样一种感觉：尽管你独自一人，但并不是孤立的，你没有被抛下。如果出了问题，会有人或一群人来把你安全地扶起来（再说一次，这与安全依恋的婴儿没有什么不同）。

即使是拿着"紫色蜡笔"的哈罗德，也并非孤身一人。在书的第一页上，他困惑地站着，周围是凌乱的紫色线条。但他画了一弯月亮，为他的旅程提供了光亮。当他在月光的照耀下能看清周围时，他又画下了一条长长的、笔直的路，这条路指引他前进。随着月亮的升起，哈罗德冒险前进，而当故事开始时，月亮一直跟着他，从一页到另一页，就像天空中永恒不变的景致，不用一遍又一遍地重新画上去。事实上，哈罗德回家后，月亮仍然挂在那里，当他爬上自己画出来的床，盖上被单进入梦乡，蜡笔从他手中掉落时，月亮仍在窗外保护着他。我认为，月亮代表了他的父母或普遍意义上的人与人之间的联结，作为成年人，这是我们为了继续前行而时常需要召唤出来的东西。哈罗德总是独自旅行，但这种"独自"是他人存在下的（就像我之前引用过的温尼科特的表述那样）：他总能感觉到有人在他身边。

我摔下去时谁会接住我？这是关于不安全感的问题中最令人不安的一个。关于信念的最佳宣言就是，无论发生什么，我都在那里。没有社会关系的滋养，人们很难前进，无论在父母的抚养下，你是否足够坚强，这一点都是正确的。

这就是为什么自我改变的发生往往不可预测，就像玛丽和霍莉一起攀岩的那天或是彼得和萨曼莎的偶遇。你计划好了一切，把所有事情都安排得明明白白，似乎还是无法前进。然后，如果你幸运的话，一些意想不到的事情发生在你周围的世界里，你甚至察觉不到它们，也掌控不了，突然之间，你负担全无，全速改变。

为了把这点阐释清楚，我再讲最后一个故事。

联结的电梯

我讨厌给予员工和他们的主管批评性质的反馈。正因如此，我非常不擅长此事。我倾向于把他们表现不好的地方说得柔和一些，并强调他们做得好的地方。虽然这种倾向让我们的管理会议充满了友好礼貌的氛围，但从长远来看，它会导致严重的问题——最明显的表现就是他们对我不再信任，因为他们知道自己哪里做得不好，也知道我看到了这些问题，虽然在会上我没有提到这些问题。

经过近 30 年对下属的监督和领导，我给自己设定了一个目标，那就是给出更明确的反馈。不出所料，当我需要向一位经理提出建设性批评时，我对于第一次尝试坚持我的目标感到非常焦虑。我不知道自己能否做到，而且我的"自欺"又一次在我的脑海中大声承诺着：下次我一定做。我甚至这样为自己开脱：我昨晚没睡好，外面又热又闷，来时的地铁让我脾气变得暴躁。我在心情如此糟糕的情况下给他反馈，这对他是不公平的。我已经准备好把自己设定的目标踢到一边了，但后来发生了一件事，我和一群陌生人上了一部拥挤的电梯。

电梯从大厅开始往上升的时候，稍微晃了一下，一位女士不慎把咖啡洒在了地板上。我们都忙着避开地面的那摊咖啡，有一个人说："可以在上面撒一点糖，这样在有人把它清理干净前，糖可以吸收掉一部分咖啡。"我们都点了点头，认为这是个好主意。然后另一个人默默地拿出了一张多余的餐巾纸，把它盖在了咖啡渍上，我们都饶有兴趣地看着。问题解决了，电梯后面一个声音响起："这是我经历过的最棒的电梯之旅！"我们都笑了起来。然后，电梯到达了下一层楼，门开时，一位西装革履、神情严肃的男士在离开电梯时大声宣布："明年的此时此刻，让我们再次相聚于此！"我们笑得更大声了。之后的每一层，我们都向离开的"同胞"致以亲切的告别。

一切就是这样。在1层和11层之间，我对他人的信任，甚至对人性的一点点希望，都一并提升了。更重要的是，这种整体信念和希望的提升鼓舞了我对自己的信心。当我沿着走廊走向办公室时，我能够冷静地思考再次拒绝批评下属意味着什么。一方面是我自己思考过无数次的真实想法，即我可以逃避责任：为什么不下星期再说呢？我累了，这将会是漫长的一天，我不需要现在就这样做。但有些东西已经发生了变化，我已经清楚地看到自己有责任完成这项任务，并且明白，如果我不这样做，我会让自己很失望。我的想法从"自欺"变得更具有"嬉戏精神"了：来吧！这是一个机会，你将会实现给出准确反馈的目标，你不会想回到那种拖延至死的旧模式中的。

在电梯里和陌生人迅速建立起联系的愉快经历，让我更有能力站起来直面自己肩负的责任。与搭电梯的人们相连的感觉以及其对人性的延伸给了我勇气，让我能够把自己面前的问题看作是一个可以为之思考的选择。问题的关键不在于我累了或是我今天不高兴，这些都是我不想改变自己行为的"自欺"借口罢了。只要稍微往上走一步，我就能看到，这个问题就和我生活中的许多其他问题一样，是一场关于自我改变意味着什么的斗争。

我曾担心，提供准确的、有时是批评性质的反馈会让我陷入未知的境地，一段原本亲密的同事关系会变得有所隔阂。但我们将建立一种新的关系模式，在这种模式中，他知道我的反馈是清晰而真实的。我也会产生这样一种感觉，如果这次我能给这个人反馈，那么我就没有理由不能给其他人同样的反馈；如果我不这样做，我可能会让自己失望。还有其他许多维持现状的理由，但突然之间，我可以冷静地思考所有这些缺点，并将它们与真正重要的优点进行权衡，即改变自己身上一直想要改变的东西。

我给出了反馈，会议也进展得相当顺利。跨越我所抗拒的事物，做我知道需要做的事情，这种感觉真的很好。坐一次电梯就让这一切得以发生？你可能满腹狐疑。好吧，有可能当时我正处在一个是否做出改变的临界点上，而这趟电梯之旅就是我实现目标所需要的推动力。但是，记住哈珀的那个研究，感知狼蛛远近的能力并不仅仅受到良好的视力这种长期存在于你身上的特质的影响，它还会受到短暂的自我价值状态的影响，而这种状态是由于受试者想起他们受到或不受他人支持的时刻导致的（他们在那一刻正在回答那个令人焦虑的问题：我摔下去时谁会接住我）。他们只是回忆了一下过去的时光，而没有考虑他们现在在生活中得到的支持，这一做法改变了他们的认知。这就是社会联结的强大之处。我们可以回忆它们，而仅仅是回忆就足以改变我们看世界的方式。是的，坐一次电梯就足以让这一切发生了。

即使与他人在一起，我们也是孤独的，这是一个如此脆弱、偶然而又极其重要的事实。我们彼此相连的信息就是我们活着的信息。一旦能看到你与他人是相互连接的，你也就能够看到，如果把你自己当作一件孤立的物件去尝试进行修复，那么这种修复不仅起不了作用，还有可能造成破坏性的伤害。

如果想认真思考你"场"内的环境，留意你周围发生的事情非常重要。然而，要想做到这一点，就意味着你必须放弃那些非常诱人的快速修复的做法。一旦你把改变视作与你的生活紧密相连的社会性存在时，为改变付出的所有努力也将会变得非常混乱。

一团乱

人类进化将我们带到"兼而有之"的大道面前，它有两个特质——个人的选择和依赖他人的需要，这两个特质就像一段好姻缘那样，彼此之间既相互依存又相互冲突。前者是我们与其他动物之间最大的区别，它是创新的源泉，是一种非常人性化的活动（乌鸦可以把一根铁丝弯成钩子，猴子可以把草用作工具，但它们的创新都不是以构建某种文明的方式进行的）。这种自由决定（或将其视为某种选项）和创新的能力也是自我改变这种能力的根源，是一种独特的人类属性。另一个特质是我们拥有合作的能力，在这一点上我们倒是与许多社会性动物相似，比如蚂蚁和猿猴，和它们一样，我们的物种通过合作得以生存下来。

把这两种特质混合在一起，你就得到了一杯复杂的"鸡尾酒"，一种拥有自主性的动物，肩负着让自己生活尽可能有意义、有深度的责任，他们天生就需要在群体中成长，但却可以选择加入哪个群体。你不是大雁，你可以通过选择和决定来加入你所需要的群体（学校、朋友、互联网上的聊天群），而不是靠着本能在飞行队伍中来回变换位置。这可相当费脑而且非常复杂，让人类的体验像我虚构的办公室一样混乱不堪。

如果只是这种程度的混乱倒是好了。事情往往更糟。你选择加入的那些群体，它们都是由其他一些自主的、同样要对自己生命负责的个体组成的。这使得人类的体验变得一团乱麻，仿佛一间毫无秩序的巨大宿舍。在那里，你是孤独的，你需要别人充分利用你的孤独，而这些你所依赖的人也有他们自己的事要处理，他们中的一些人也需要依赖你来帮助他们重整旗鼓。

自我改变就像是在攀登一座高山，它的顶峰就是你在到达被阴影笼罩的另一边的山谷之前所能达到的最高境界。在攀爬的过程中会有许多障碍，所以在短暂的人生中你不可能总会到达顶峰。每走一步，你都会感到来自两个方向的拉扯，内心对完整感的呼唤向上拉扯着你，对坠落的恐惧向下拉扯着你。山间没有明确的路径，行进的道路很崎岖，两边尽是无助与失望的深渊，你选择的方向有可能会导致迷路，或是遇到未知的、无法克服的障碍。这不是一个人的跋涉，所以你和一个登山队一起，他们支持着你迈出每一步。

你用绳子把自己和他们绑在一起，从而获得了安全感，你相信如果你掉下去了，他们会抓住你。然而，这支队伍没有领袖，每个成员有各自的山峰要攀登，有些人也需要你做他们的保障。这支登山队的每个人都肩负着到达他们的顶峰的责任，但每个人也有责任帮助其他人到达顶峰。你所能要求的最好的东西就是某种可控的混乱。

人类的大脑能够处理由这种混乱引发的问题（从长远来看，它只是处理，并不是总能解决），通过你与其他自主的人类进行创造性的合作来制造新事物。你的大脑极其擅长即兴表演，这个靠着"是的／然后"机制运作的器官，在服务你的成长过程中创建各种联结，并在你自己、他人和周围的社会中制造变化。当你与他人合作或独自旅行却获得情感上的支持时，你向前推进的效率最高，反之亦然。

正如关于社会资源的研究指出的那样，当你觉得自己不属于某个群体，没有目标，感觉为社会做出贡献方面缺少自己的角色时，你就会弄不清楚自己对别人是否有价值，你的社会器官就会变得干瘪，开始失灵，渐渐失去动力和毅力。

怎么知道你的大脑什么时候会因为缺乏与他人的联结而萎缩呢？当你的动力减弱或停止的时候。需要补充燃料的标志是什么？当你为自己设定了一个自我改变的目标却觉得自己似乎无法实现，而且脑海里还有声音低声说着"维持现状"的时候。

你在自我成长方面具有的决定权，既是天赋，也是诅咒。而且你需要其他人帮助你前行，尽管你知道这些人并不完全可靠，而且他们各有各的旅途。这两个事实意味着，在我们现行的"快速修复"与完美主义者文化中，存在着一些非常重要且难以捉摸的东西。

你不是总能实现改变，这是另一个关于自我改变的事实。这一事实使得这本书的观点与那些永远乐观地认为"可以靠意念弯曲勺子"的哲学截然不同，这也是我希望你们在读完此书后可以记住的一点。

在我踏入那部电梯之前，我想要改变，却做不到。从电梯出来之后，我给出了之前觉得难以给出的反馈，是因为发生了意料之外的事情。要不是我周围的世界发生了一些变化，我可能无法实现改变，这种外部变化让我获得了社会的滋养，给予了我改变的力量。没有这些滋养，我的"抑制力"一定会压过"驱动力"。这就是社会如何作用于我们的：有时候，无论你多么希望改变发生，你都是不可能改变的。

没错，不可能。我知道这听起来的确很悲观，而且在目前我们狂热追求"积极奋进"的文化中，这种想法几乎是一种亵渎。但有些时候，改变就是无法实现。

我们生活空间中力的永存

极端主义总是倾向于向残暴屈服。当走向极端时，"如何实现……"和"积极思考"的理念会得出残酷的结论。你的体验完全是由大脑决定的，因此你在生活中实现目标的能力完全取决于你自己，这种观点推出的结论就是，如果你不快乐或者不成功，一定是你自己出了问题。认为大脑拥有在任何情况下都能美化事物的万能力量的想法，对于那些缺乏基本资源、努力求生或被外部力量压在目前所处位置上动弹不得的人来说是最残酷的。换句话说，有时候你无法改变，是因为其他人从有限的资源池中贪婪地攫取了资源，并且把这些资源据为己有，或是通过手中握有的权力阻止你获取它们。

在这些情况下，"你可以通过积极思考或想象一个更美好的未来来改变你的处境"的想法，相当于是在指责受害者：你身上发生的一切都应该由你自己负责，是你那懒散、负面的态度造成的。这种观点并不能为你满足感的匮乏作出解答，反而支撑并助长了你的痛苦。正如著名社会学家赖特·米尔斯所描述的，这种方法让你向下凝视"个人麻烦"的中心并远离"公共问题"的视野。

别误会，在你的"场"里，存在焦虑总是被纳入抑制你的力量中，没有人能免受短暂的生命和沉重的决策负担引发的困扰。然而，这些担忧并不是唯一会抑制你的事物，对许多人来说，它们甚至是最不值一提的阻力。

对于一名为了实现自己获得硕士学位这一梦想而重返校园的首席执行官来说，为重返校园付出的实际努力就像是攀爬伯克郡的一座缓坡。他的秘书会为他报名上课，帮他买书，还会开车送他去学校。但对于一个在首席执行官的公司餐厅里做厨师的外来移民来说，为提高经济地位而获得学位所需的努力就像是在攀登世界第二高峰乔戈里峰。她要从堂兄那里借钱买书，申请学生贷款，向老板请求多工作几个小时以便交得起学校注册费，还要坐两个小时的公交车往返校园。她的性格可能比首席执行官更积极，她怀着巨大的希望而且几乎无所畏惧，她对自己有极强的信心，比首席执行官拥有更好的应对孤独和挑战的能力，还有比他更多的社会支持，但她仍不太可能得到学位。这是因为在他们各自的"场"里，驱动和抑制这两种人的力量，不仅仅是存在主义式的。这些力量与物质有关——某些人拥有更多的机会去获得财富、资产、社会地位以及他们脑力、勇气和进取心之外的向上流动的重要资料。

这一切都取决于你是谁。你并不总是被你周围的社会公平对待，甚至可能因为随机获得的种族、文化、性别、生理及心理机能、阶级和身份就成了仇恨和打击的目标。在这种情况下，你可以对全世界都怀着希望，但你的成长仍然会受到限制。你可以成为超级哈罗德，但仍然无法发挥自己不可剥夺的潜能。你在山间跋涉，向着你能到达的一切目标进发，但由于命运的意外，山坡的实际斜率（不是你所感知到的那个斜率）是预先就设定好的。

勒温明白你生活空间中的这些事实。他不认为你那独特的"场"是一个有加强涂层的保护罩，你在里面可以免受更强大力量的影响。事实上正好相反，勒温认为，当你在追求特定的目标时，这些更强大的力量总是在驱动或制约着你。在我讲过的故事里，这些制约的力量也一直都在。

条件不允许也会让你无法实现改变，有时候，阻碍你改变的条件之所以存在是因为结构性问题。如果我不把这一点说清楚，就真和那些在阳光明媚的大街上兜售乐天派哲学、相信可以用意念弯曲勺子的人没什么不同了。如果我只告诉你"热爱现状是一件好事，只要你仔细思考，你将在转角处实现你的改变"，那我无异于在告诉你，只要强调积极的一面，剔除消极的一面，一切都是好的。但对许多人来说，转角处什么也没有，而且他们也没什么机会坐在岩石上好好思考下一步该做什么。

你的所处之地和欲往之地之间的地方，就像厨房里杂乱的水槽，里面有各种乱七八糟的东西，既有驱动你的，也有抑制你的。我们生活的世界里，某些部分被莫名其妙地从水槽中除去了。在我们的社会中，精神治疗的力量被不断夸大，使得人类的每一个行为都可以被定义和病理化，那些教你如何如何的励志书；那些每日播出的让专家们像给出下一个小时段的食谱一样为观众提供简单建议的节目，以及那些伪疗愈类的真人秀节目，用参与者痛苦的挣扎来满足观众们偷窥的欲望（下周的节目里谁会被踢出康复中心）。"每个人都是一座孤岛"的观点，现在已经压倒了一切，公共问题被逐渐扭曲成了个人问题，这是一种危险的消极态度。

　　是的，这是一本关于自我改变的书。当你谈论改变的时候，必须意识到，每次你想改变的时候，你的"场"内都有一些事情在发生。有一些驱动力在推动你向目标前进，也有一些抑制力在阻止你达到目标，而你就在那里，如同悬停在派对吸管上的小球——被两种力量之间的紧张关系拉扯着。如果没有指出外部力量往往是推着你下沉的重力中的一部分，我就忽视了你的"场"中正在发生的事情中的很大一部分。

　　现状背后有其原因，束缚也值得尊敬。这是本书传递的两条重要的道理。但是请不要把这些道理学得太好，从而排除掉你的框架中有向下的压迫箭头这一可能性。现状只在一定程度上具有合理性，你生活中的束缚也并非全部值得尊敬。愤怒、痛苦、极度的沮丧、激动和暴躁是必要的情绪，当你被不平等和彻头彻尾的偏见所束缚而无法成长时，这些情绪会驱使你前进。如果没有它们，削弱羞愧感的风险，即把公共问题扭曲成个人问题的风险将会非常高。当你看着生活中出错的地方时，将无法看到这可能是你受了委屈的结果，你只会看到自己的不堪。

"人生的意义由你自己赋予。"萨特写道。这基本就是萨特对"存在自由"的完整阐释。从某种程度上看，萨特相信这种自由在任何情况下都可以展现。他这样写道："自由就是我们如何对待别人对我们所做的事情。"无论你是否同意萨特的观点，即我们创造意义的能力在最压抑的情况下给了你一定程度的自由，我们还是得在这里说清楚，他没有把哪些事物描述成自由：从积极思想的魔术帽里蹦出来的幸福；每个人只要努力工作就能实现梦想；自我改变的励志大师许下的承诺——你可以拥有一切，比如完全健康的身体、永远理性的头脑、完美无缺的人生、完全由你掌控的命运。

让你的处境变得有意义与一个快乐的结局毫无关系。它就只是让你赋予意义而已，如果给意义打分的话，希望并不会比绝望得分更高。

拼毯视角

20多年前，作为布兰迪斯大学的博士生，我写了一篇关于艾滋病纪念拼毯的论文。当时，那条拼毯由5万多块被单大小的拼布板组成。它出名的原因是它当时在华盛顿特区的中心草坪展出，覆盖了从华盛顿纪念碑到国会山之间的整片草坪。拼毯上的每一块拼布板都是对死于艾滋病的人的纪念，它们通常是由死者的亲朋好友制作的。这条拼毯可以被看作是墓园、画廊，抑或是旗帜，它永远地改变了我看待世界的方式。直到今天，我仍然无法把具体的事件和普遍的问题分开看待。我相信，从微观角度看问题有助于我们理解普遍层面的意义，同时我也相信，普遍层面的观点使某些具体的努力变得可以理解。

许多拼布板都是由属于死者的小物件组成的：一个泰迪熊、钥匙、眼镜、心爱的小望远镜、戏票、照片。这些是真正意义上的纪念品。它们可能曾经被握在死者手中，让人们想起这个人的独特之处。其他的拼布板是由死者穿过的衣服组成的，还有的是他们说过的一句话或引用的一首诗。所有的拼布板都显示出了马丁·路德·金所说的"人类人格中的神圣性"。它们在彼此的联结中触及了某些神圣的东西。它们是对抗"去人性化"的解药。

每一块拼布板都比任何墓碑更加具象化。它们作为单独的艺术品也很有价值。然而，如果你站得远一点，把它们看作是一系列拼布板的一部分时，它们又具有了一种不同的价值。它们讲述了一段共同的经历，而且拼毯可以被看作是一种将一群人神圣化的方式：这条拼毯不是为一个人立碑，而是大家共同纪念的过程，是对那些经常是被剥夺了通往来世的神圣祭奠的人的赞颂。

如果再往后退一步，站在林肯纪念堂的台阶上看着整条拼毯，你就会产生另一种感觉：这些生命因其错综复杂的独特性而变得神圣，但这种神圣性却在很大比例上丢失了。这条拼毯像是中心草坪上的一次葛底斯堡演说，如果没有偏见、忽视和仇恨，这一切本来是可以避免的。

这一巨大的宣言，离不开每一幅画上错综复杂的小细节。与此同时，当我们站在美国第 16 任总统脚下，缅怀每一位死者的时候，没有任何东西会被遗漏。相反，我们从中得到了很多——这条拼毯为死者赋予了一个声音。它把他们召集起来，共同发声。每一个被纪念的个体的独特性都因为拼毯变得更加明显，因为他们与一个更大的整体紧密相连。

我所希望的是你能把自己的社会本性和制约力量引发的问题结合起来，这种方式可以帮助你以一种"拼毯视角"看待改变。如果近距离观察，你会发现，如果要实现自我改变，我们每个人都必须承担起存在的孤独和责任。退后一步你会发现，为了让每个人都承担起这个责任，我们必须与他人建立联结。再退后几步，你会发现我们向目标前进的努力通常会被更大的结构性问题所阻碍。

所有这些不同的可能性都在我们的"场"中发挥着作用，没有一种力量能否定另一种的存在。事实上，在改变的"兼而有之"之道中，每种力量都把另一种力量带进了你的生活里。